"十三五"国家重点出版物出版规划项目·重大出版工程规划

中国工程院重大咨询项目成果文库

推动能源生产和消费革命战略研究系列丛书

（第一辑）

丛书主编 谢克昌

# 生态文明建设与能源生产消费革命

杜祥琬 等 著

本书系中国工程院重大咨询项目"推动能源生产和消费革命战略研究"第一期（2013年5月至2015年12月）研究成果

科 学 出 版 社

北 京

## 内 容 简 介

化石能源消费为全球带来工业文明的巨大进步的同时，也带来了环境问题加剧、气候变化显著、能源贫困突出、能源安全问题凸显等负面影响。我国以煤为主的高碳能源结构和能源消费总量持续快速增长，已成为国内包括大气、水、土壤等关系民生的重大领域环境质量恶化、生态失衡的根本原因之一。开启新的能源革命，实现能源生产、流通、消费、处置等全过程的绿色低碳化，是解决环境和气候变化问题的核心关键，也是推动我国由工业文明向生态文明转变的基础。本书提出我国能源革命的目标是逐步实现能源生产和消费的低碳化和清洁化，以科学的供给满足合理的需求，并提出了能源革命的目标、任务和举措。

本书可为相关政府部门决策者、国内外从事生态文明建设和能源革命相关研究的人员提供有价值的参考。

**图书在版编目（CIP）数据**

生态文明建设与能源生产消费革命 / 杜祥琬等著. —北京：科学出版社，2017.4

（推动能源生产和消费革命战略研究系列丛书 / 谢克昌主编. 第一辑）

"十三五"国家重点出版物出版规划项目·重大出版工程规划　中国工程院重大咨询项目成果文库

ISBN 978-7-03-052399-0

Ⅰ. ①生… Ⅱ. ①杜… Ⅲ. ①生态环境建设-研究②能源消费-研究 Ⅳ. ①X171.4②F407.2

中国版本图书馆 CIP 数据核字（2017）第 065553 号

责任编辑：马　跃　李　莉 / 责任校对：李　影
责任印制：徐晓晨 / 封面设计：无极书装

科 学 出 版 社 出版
北京东黄城根北街 16 号
邮政编码：100717
http://www.sciencep.com

北京东华虎彩彩印刷有限公司 印刷
科学出版社发行　各地新华书店经销

\*

2017 年 4 月第 一 版　　开本：720×1000　1/16
2018 年 2 月第二次印刷　　印张：11 1/2
字数：232 000

定价：168.00 元
（如有印装质量问题，我社负责调换）

# 推动能源生产和消费革命战略研究系列丛书
# （第一辑）
# 编委会成员名单

## 项目顾问

徐匡迪　中国工程院　第十届全国政协副主席、中国工程院主席团名誉主席、原院长、院士

周　济　中国工程院　院长、院士

潘云鹤　中国工程院　原常务副院长、院士

吴新雄　国家发改委　国家发改委原副主任、国家能源局原局长

王玉普　中国石油化工集团公司　董事长、党组书记、中国工程院原副院长、院士

## 项目负责人

谢克昌　中国工程院　原副院长、院士

## 课题负责人

第1课题　生态文明建设与能源生产消费革命　　　　　　　　　　杜祥琬
第2课题　世界能源版图变化与能源生产消费革命　　　　　　　　张玉卓
第3课题　第三次工业革命与能源生产消费革命　　　　　　　　　何继善
第4课题　能源生产革命的若干问题研究　　　　　　黄其励、袁晴棠
第5课题　能源消费革命的若干问题研究　　　　　　倪维斗、金　涌
第6课题　推动能源生产和消费革命的支撑与保障　　　　　　　　岑可法
综合课题　推动能源生产和消费革命战略研究　　　　　　　　　　谢克昌

# 课题一 生态文明建设与能源生产消费革命
## 编委会成员名单

## 顾问

| | | |
|---|---|---|
| 谢和平 | 四川大学 | 院士 |
| 王 安 | 中国中煤能源集团公司 | 院士 |
| 刘世锦 | 国务院发展研究中心 | 研究员 |

## 组长

| | | |
|---|---|---|
| 杜祥琬 | 中国工程院 | 院士 |

## 副组长

| | | |
|---|---|---|
| 钱 易 | 清华大学 | 院士 |
| 王如松 | 中国科学院生态环境研究中心 | 院士 |
| 丁一汇 | 国家气候中心 | 院士 |

## 成员

### 课题组

| | | |
|---|---|---|
| 何建坤 | 清华大学 | 教授 |
| 周大地 | 国家发展和改革委员会能源研究所 | 研究员 |
| 李俊峰 | 国家应对气候变化战略研究和国际合作中心 | 研究员 |
| 高世楫 | 国务院发展研究中心 | 研究员 |
| 温宗国 | 清华大学 | 研究员 |
| 杨宏伟 | 国家发展和改革委员会能源研究所 | 研究员 |
| 齐 晔 | 清华大学 | 教授 |
| 杨 秀 | 国家应对气候变化战略研究和国际合作中心 | 副研究员 |
| 刘晓龙 | 中国工程院战略咨询中心 | 副处长 |
| 葛 琴 | 中国工程院战略咨询中心 | 项目主管 |
| 崔磊磊 | 中国工程物理研究院 | 工程师 |

## 专题一：能源变革与生态文明建设

李俊峰　国家应对气候变化战略研究和国际合作中心　　　　研究员、专题组长
杨　秀　国家应对气候变化战略研究和国际合作中心　　　　副研究员
魏晓浩　国家应对气候变化战略研究和国际合作中心　　　　助理研究员
马　涛　国家应对气候变化战略研究和国际合作中心　　　　助理研究员
刘长松　国家应对气候变化战略研究和国际合作中心　　　　助理研究员
田　川　国家应对气候变化战略研究和国际合作中心　　　　助理研究员
陈　怡　国家应对气候变化战略研究和国际合作中心　　　　助理研究员

## 专题二：工业文明带来的进步和危机

王如松　中国科学院生态环境研究中心　　　　院士、专题组长
李　锋　中国科学院生态环境研究中心　　　　研究员
王金南　环境保护部环境规划院　　　　副院长
巢清尘　国家气候中心　　　　研究员、副主任
严　耕　北京林业大学人文社会科学院　　　　教授、院长
陈潇君　环境保护部环境规划院　　　　副研究员
徐　影　国家气候中心　　　　首席研究员
高　荣　国家气候中心　　　　高工、处长
胡　聃　中国科学院生态环境研究中心　　　　研究员
刘红晓　中国科学院生态环境研究中心　　　　博士研究生
韩宝龙　中国科学院生态环境研究中心　　　　博士研究生

## 专题三："发展方式"的概念和"转变发展方式"的内涵和战略意义

高世楫　国务院发展研究中心　　　　研究员、专题组长
刘培林　国务院发展研究中心　　　　研究员
郭焦锋　国务院发展研究中心　　　　研究员
洪　涛　国务院发展研究中心　　　　高级经济师
王海芹　国务院发展研究中心　　　　副研究员
武　旭　国务院发展研究中心　　　　助理研究员

## 专题四：生态文明的概念、时代背景、内涵和重大意义

温宗国　清华大学　　　　研究员、专题组长

| 钱　易 | 清华大学 | 院士 |
| 李俊峰 | 国家应对气候变化战略研究和国际合作中心 | 研究员 |
| 王　宁 | 北京信息科技大学 | 助理研究员 |
| 陈　怡 | 国家应对气候变化战略研究和国际合作中心 | 助理研究员 |
| 王　田 | 国家应对气候变化战略研究和国际合作中心 | 助理研究员 |
| 田　川 | 国家应对气候变化战略研究和国际合作中心 | 助理研究员 |
| 曹　馨 | 清华大学 | 博士研究生 |
| 许金晶 | 清华大学 | 博士研究生 |
| 邸敬涵 | 清华大学 | 博士研究生 |

## 专题五：建设生态文明实现能源变革和革命的路径研究

| 杨宏伟 | 国家发展和改革委员会能源研究所 | 研究员、专题组长 |
| 周大地 | 国家发展和改革委员会能源研究所 | 研究员 |
| 田智宇 | 国家发展和改革委员会能源研究所 | 副研究员 |

## 专题六：中国能源发展治理方式变革的战略思考

| 齐　晔 | 清华大学 | 教授、专题组长 |
| 蔡　琴 | 清华大学 | 副教授 |
| 邬　亮 | 北京林业大学 | 讲师 |
| 赵小凡 | 清华大学 | 博士研究生 |

# 丛 书 序 一

　　能源是国家经济社会发展的基石。能源问题是关乎国家繁荣、人民富裕、社会和谐的重大议题。当前世界能源形势复杂多变，新的能源技术正在加速孕育、新的能源版图正在加速调整、新的能源格局正在逐步形成。国内生态环境约束日益加强，供给侧结构性改革推进正酣，构建前瞻性的能源战略体系和可持续的现代能源系统迫在眉睫。习近平总书记在中央财经领导小组第六次会议上提出了推动能源生产和消费革命的战略要求，为我国制定中长期能源战略、规划现代能源体系、推进"一带一路"能源合作、保障国家能源安全等明确了方向。

　　中国工程院在2013年5月启动了由时任中国工程院副院长的谢克昌院士牵头负责的"推动能源生产和消费革命战略研究"重大咨询项目，适度超前、恰逢其时，意义重大。这一项目的启动体现了中国工程院作为国家智库的敏锐性、前瞻性、责任感和使命感。项目研究从国际能源和工业革命规律等大视野，提出了我国能源革命的战略、目标、重点和建议，系统研究并提出了我国能源消费革命、供给革命、技术革命、体制革命和国际合作的技术路线图。项目研究数据翔实、调研充分，观点明确、内容具体，很多观点新颖且针对性强，对我国能源发展具有重要指导和参考意义。项目研究成果凝聚了30多位院士和300余名专家的集体智慧，研究期间多次向国家和政府部门专题汇报，部分成果和观点已经在国家重大决策、政府相关规划的制定中得到体现。

　　推动能源革命是一项长期、复杂的系统工程，研究重点和视角因国际形势变化、国内环境变化而表现不同，希望项目研究组和社会能源科技专家共同努力，继续深化研究，为我国能源安全发展保驾护航，为我国全面建成小康社会和实现两个"一百年"目标添薪助力。

　　谨对院士和专家们的艰辛付出表示衷心的感谢！

徐匡迪

2016 年 12 月 26 日

# 丛 书 序 二

在我国全面建成小康社会、实现中华民族伟大复兴的中国梦进程中，能源与经济、社会、环境协调发展始终是一个重要课题。能源供给约束矛盾突出、能源利用效率低下、生态环境压力加大、能源安全形势严峻等一系列问题，以及世界能源版图深刻变化、能源科技快速发展的国际化趋势和应对气候变化的国际责任与义务，要求我国亟须在能源领域进行根本性的变革和全新的制度设计，在发展理念、战略思路、途径举措、科技创新、体制机制等方面实现突破或变革。

党的十八大报告指出，要坚持节约资源和保护环境的基本国策，推动能源生产和消费革命，控制能源消费总量。2014 年 6 月 13 日，习近平总书记主持召开中央财经领导小组第六次会议，会议明确提出"能源消费革命"、"能源供给革命"、"能源技术革命"、"能源体制革命"和"加强国际合作"的能源安全发展战略思想。可见，"能源生产和消费革命"已成为我国能源方针和政策的核心内容，成为推动能源可持续发展的战略导向，成为加快能源领域改革发展的重要举措。

作为我国工程科学技术界的最高荣誉性、咨询性学术机构，为了及时通过战略研究为推动能源生产和消费革命提供科学咨询，中国工程院在 2013 年 5 月就启动了"推动能源生产和消费革命战略研究"重大咨询项目，目的是根据国家转变能源发展方式的现实任务和战略需求，从国际视野和大能源观角度，深入分析生态文明建设、世界能源发展趋势、第三次工业革命等方面对我国能源领域带来的深刻影响和机遇，紧紧围绕能源革命的概念、核心、思路、方式和路径展开系统研究，提出推动能源生产和消费革命的战略思路、目标重点、技术路线图和政策建议，为我国全面推进能源生产和消费革命，完善国家能源战略规划和相关政策，加强节能减排、提高能效、控制能源消费总量，推动煤炭等化石能源清洁高效开发利用，拓增非化石能源、优化能源结构等一系列工作提供创新思路、科学途径和方法举措。

项目由中国工程院徐匡迪主席、周济院长、时任常务副院长潘云鹤院士、时任副院长王玉普院士，以及国家能源局原局长吴新雄担任顾问，中国工程院原副院长谢克昌院士任组长，下设六个课题，分别由相关能源领域院士担任课题组长，来自 90 家科研院所、高等院校和大型能源企业的 300 多名专家参与研究及相关工作，其中院士 39 位。研究工作全面落实国家对战略研究"基础研究要扎实，战略目标要清晰，保障措施要明确，技术路线图和政策建议要具体可行"的要求，坚持中国工程院对重大课题研究的战略性、科学性、时效性、可行性、独立性的要求，历时两年多时间，经过广泛的专家讨论、现场调研、深入分析、成果交流和征求意见，最终形成一个项目综合报告和六个课题报告。

第一册是综合报告《推动能源生产和消费革命战略研究（综合卷）》，由中国工程院谢克昌院士领衔，在对六个课题报告进行了深入总结、集中凝练和系统提高的基础上，科学论述了推动能源生产与消费革命是能源可持续发展和构建"清洁、低碳、安全、高效"现代能源体系的必由之路。《推动能源生产和消费革命战略研究（综合卷）》对能源生态协调发展、能源消费总量控制、能源供给结构优化、能源科技创新发展、能源体制机制保障等一系列突出矛盾和问题进行了深入分析，提出了解决的总体思路和主要策略；系统提出能源革命"三步走"战略思路和能源结构优化期（2020年以前）、能源领域变革期（2021~2030年）、能源革命定型期（2031~2050年）的阶段性目标以及战略重点，并就实施和落实各项战略重点的核心思路、关键环节和重点内容进行科学论证、提出明确要求。

第二册是《生态文明建设与能源生产消费革命》，由杜祥琬院士牵头，主要从生态文明建设的角度进行研究。从回顾人类文明发展和历次能源革命的历程，以及深入分析工业文明带来的危机和问题着手，总结了国际发展理念变迁、新的文明形态形成与实践的基本规律和趋势，认为全球能源革命的方向是清洁化和低碳化。分析我国转变发展方式、建设生态文明和推动能源革命的辩证关系，剖析能源生产和消费革命的难点，总结我国能源发展的主要特征和我国能源战略及其演变，最后提出推动我国能源革命的思路、路径以及政策建议。

第三册是《世界能源版图变化与能源生产消费革命》，由张玉卓院士牵头，主要从世界能源发展趋势的角度进行研究。通过总结当前世界主要经济体在能源供应、生态环境破坏以及气候变化方面面临的挑战，分析世界能源结构、供需格局、能源价格等重大趋势和规律。研究美国、欧盟等主要国家和地区能源发展与战略调整对我国能源安全发展的深远影响，提出我国必须转变能源发展理念和发展战略，主动适应世界能源发展的趋势变化，形成可持续的能源发展模式，加快发展方式转型，推动能源管理和制度创新，并从推动能源革命的基础、先导、方向、核心、支撑和保障等方面提出措施建议。

第四册是《第三次工业革命与能源生产消费革命》，由何继善院士牵头，主要从第三次工业革命的角度进行研究。在分析预判以互联网和可再生能源为基础的第三次工业革命发展趋势和机遇，以及对主要国家及地区能源战略和我国未来能源生产消费可能产生的影响的基础上，提出推动我国能源生产消费革命的战略构想，深入论证智能电网、泛能网、分布式发电与微电网、智能建筑和能源互联网等重点工程在未来我国能源体系中的作用、实施计划和经济社会价值，最后提出推动我国能源生产与消费革命的价格、财政税收、国际化经营和国际合作等政策建议。

第五册是《能源生产革命的若干问题研究》，由黄其励院士和袁晴棠院士牵头，主要从能源生产（供给）侧开展研究。厘清能源生产革命的背景与战略目标，从新能源开发利用水平和能源发展潜力两方面，论证了我国已基本具备能源生产革命的基础条件，系统阐述我国能源生产革命的方向、目标、思路和战略重点，提出能源生产革命的重大技术创新路线图、时间表，提出中长期能源生产革命重大工程和重大产业，以及能源生产革命的政策建议。

第六册是《能源消费革命的若干问题研究》，由倪维斗院士和金涌院士牵头，主要从能源消费侧开展研究。预判我国能源消费未来发展趋势，以及分析 2030 年前经济社会发展目标和能耗增长趋势。重点剖析了推动能源消费革命涉及的我国能源消费宏观政策、总量控制以及主要领域的若干重要问题，明确了我国能源消费革命的定义和内涵，提出推进我国能源消费革命、控制能源消费总量的战略目标和实施途径，以及有关政策建议。

第七册是《推动能源生产和消费革命的支撑与保障》，由岑可法院士牵头，主要从支撑和保障方面开展研究。分析我国能源生产和技术革命在支撑和保障方面的背景及目标，提出明确的定义、内涵和总体路线图。以能源消费绿色化、能源供给低碳化以及能源输配智能化三条主线为核心，提出在技术领域方面全面创新、在法律及体制机制层面深化改革的总体思路和重点内容，为推进和实施能源生产与消费革命提供支撑和保障。

"推动能源生产和消费革命战略研究系列丛书"是我国能源领域广大院士和专家集体智慧的结晶。项目研究进行过程中形成的一些重要成果和核心认识，及时上报了中央和国家有关部门，并已在能源规划、政策和重大决策中得到体现。作为项目负责人，借此项目研究成果以丛书形式付梓之机，对参加研究的各位院士和专家表示衷心的感谢！需要说明的是，推动能源生产和消费革命是一项系统工程，相关战略和政策的研究是一项长期的任务，为继续探索能源革命的深层次问题，目前项目组新老成员在第一期研究成果（即本套丛书）的基础上已启动第二期项目研究。希望能源和科技领域的专家与有识之士共同努力，为推动能源生产和消费革命、实现我国能源与经济社会持续健康发展贡献力量！

中国工程院

"推动能源生产和消费革命战略研究"

重大咨询项目负责人　　　　　　　　　　　2016 年 12 月 12 日

# 前　　言

　　能源是人类活动的物质基础，为人类的生产、生活提供了动力，是文明发展的先决条件。人类历史上，从原始文明和农业文明依靠可再生的人力、畜力与太阳、风、水等自然能源，到工业文明倚赖煤、石油、天然气等化石能源，无一不是能源革命伴随着技术的飞跃，改变了人类的生产生活方式，推动了人类文明的过渡与社会的发展，同时也推动人类的需求不断增长。

　　化石能源消费为全球带来工业文明的巨大进步的同时，也带来了环境问题加剧、气候变化显著、能源贫困突出、能源安全问题凸显等负面影响。而我国以煤为主的高碳能源结构和能源消费总量持续快速增长，已成为国内包括大气、水、土壤等关系民生的重大领域环境质量恶化、生态失衡的根本原因之一。可以说，以无节制消耗能源资源和不计环境代价发展经济的老路已难以为继。开启新的能源革命，实现能源生产、流通、消费、处置等全过程的绿色低碳化，是解决环境和气候变化问题的核心关键，也是推动我国由工业文明向生态文明转变的基础。

　　与人类社会的发展历史过程中之前每一次能源革命和随之而来的文明过渡均是自然而然地发生发展不同，当前能源、环境和气候面临的紧迫形势决定了人类不能再任由能源与经济同步增长，必须通过主动推动能源生产和消费革命以解决经济增长与可持续发展的两难问题。

　　能源革命的两条主线是清洁化和低碳化。世界主要发达国家已基本完成了能源生产与供应的清洁化，并正在积极向低碳化方向转变，其在能源发展领域的相关措施为我国探索能源革命提供了有益的经验借鉴。

　　我国能源革命的目标是逐步实现能源生产及消费的低碳化和清洁化，以科学的供给满足合理的消费。从生产角度，核心是充分利用国际国内两个资源、两个市场，构建以可再生能源、核能和天然气为主体的能源供应体系，改变以煤为主的能源供应结构，构筑以高效、清洁、低碳、多元为特征的现代能源供应体系；从消费角度，核心是大幅提升能源利用效率和抑制不合理的能源需求，在控制能源消费总量的同时，支撑经济增长效益不断提高。

　　能源生产和消费革命是我国能源发展的必然方向，将贯穿于我国未来工业化、城镇化发展的各个方面，涉及全社会生产方式、消费模式和体制机制等各个领域，必将是一个长期渐变的发展过程。从阶段性上分析，当前至 2020 年为第一阶段，应以控制大气质量为抓手，主要是通过扩大天然气的利用，推动煤炭消费尽快达到峰值，加速化石能源的清洁化利用进程。2020~2050 年，应以控制碳排放为抓手，加快可再生能源、核电和天然气等低碳能源的发展步伐，构建以清洁煤炭和石油与低碳能源并重的能源供应体系。2050~2100 年，应以能源永续供应为抓手，逐步减少对化石能源的依赖，建立以非化石能源为主体的能源体系。三个阶段阶次发生、相互衔接，共同构成我国能源发展百年构想。

为推动能源生产和消费革命尽早实现，必须从当前做起，加快实施如下重点任务和重大举措：

一是明确能源生产和消费革命战略目标。从全局高度，把推动能源生产和消费革命作为生态文明建设的重要内容，融入国民经济和社会发展、城镇化、工业化的各项具体任务，制定分阶段、分领域的能源生产和消费革命发展目标、实施步骤。

二是提升能源利用效率。坚持把节约优先作为经济社会发展的重要约束和前提，把构建绿色低碳的建筑、交通体系作为政府基本公共服务重要内容，通过加快淘汰落后产能、提高标准等方式强化重点行业和领域节能工作，从源头上避免高碳锁定效应。

三是优化能源结构。通过完善公平、有序市场竞争体系和政策环境，促进非化石能源开发利用技术不断进步。鼓励发达地区和城市率先推动化石能源减量、清洁化利用，推动实现新增能源需求主要依靠可再生能源。

四是控制能源消费总量。在全面考量资源、环境和气候等因素的基础上确定我国能源消费总量控制目标，尤其是控制煤炭和石油的消费总量。探索有效发挥市场决定性作用与政府引导作用的具体方式，以及坚决抑制不合理能源需求的有效方式。

五是推动技术创新革新。推动下一代革命性能源开发利用技术尽快突破和降低成本，增强成熟技术在建筑、交通等领域的应用；加快发展智能电网、储能电站等基础设施建设，提供系统性、综合性能源技术解决方案。

六是创新能源管理体制和机制。改善政绩考核制度，改革能源管理方式，推动能源和环境领域的监管及治理纳入政绩考核与法制监管体系。坚持市场化改革方向，加快能源、土地、水、矿产资源的价格形成机制改革，推动环境成本外部化，创新碳排放权、排污权、水权交易、合同能源管理等机制。

七是引导合理能源消费模式和文化。把我国传统的天人合一、勤俭节约的智慧美德与现代社会绿色、低碳发展要求结合起来，通过完善法治建设、减少市场扭曲、出台经济激励、加强宣传教育、发挥政府带头作用等，积极引导全社会形成绿色、低碳的消费理念和文化。

　　八是加强能源国际合作，确保能源安全。树立我国能源安全依赖于全球和周边能源安全的思想，联合美国、欧盟、日本、俄罗斯等国家及地区构建着眼于全球安全的多边合作的能源供应安全保障体系，构建东部、南部和北部能源供应通道。

# 目　录

## 总　报　告

第一章　人类文明的发展与历次能源革命 ……………………………………3

第二章　工业文明与生态危机 ……………………………………………………7

第三章　发展理念变迁与新的文明形态的提出 …………………………………31

第四章　能源革命的发展方向 ……………………………………………………43

## 分　报　告

专题一　能源变革与生态文明建设 ……………………………………………63

专题二　工业文明带来的进步和危机 …………………………………………84

专题三　"发展方式"的概念和"转变发展方式"的内涵和战略意义 ………103

专题四　生态文明的概念、时代背景、内涵和重大意义 ……………………133

专题五　建设生态文明实现能源变革和革命的路径研究 ……………………142

专题六　中国能源发展治理方式变革的战略思考 ……………………………151

# 总 报 告

# 第一章　人类文明的发展与历次能源革命

人类文明史，就是一部人与自然关系史。自然是人类生存与发展的基石。人类先后经历了原始文明、农业文明、工业文明三个阶段。原始文明是完全接受自然控制的发展系统，农业文明是人类对自然进行探索的发展系统，工业文明是人类对自然进行征服的发展系统。而今，人类正向生态文明演进，逐步确立人类与自然协调发展的社会系统。

能源是自然对人类的恩赐，人类文明的进步离不开优质能源的出现和先进能源技术的使用。因此，人类文明史也是一部能源品种不断变化、能源技术不断革新的历史。科技和社会生产力逐步发展，尤其是几次能源技术和能源种类革命，为人类生产、生活提供了动力，推动了人类文明进步。从原始文明和农业文明依靠简单人力、畜力和薪柴等传统能源，到工业文明倚赖煤、石油、天然气等化石能源，再到当今大力开发利用核能、风能、太阳能、水能等清洁能源，每一次能源革命无不伴随着技术飞跃，不断开创能源新时代。

## 一、人类文明的开启与第一次能源革命

公元前两百万年至公元前一万年的原始文明阶段，是渔猎采集文明时代，人与自然保持了一种原始和谐关系。当时，人类生活在自然条件优越的地区，人口数量少、寿命低。由于人类尚未掌握科学技术，只能维持极低的生活水平。家庭和部落构成主要社会组织形式，自然力异常强大，人类崇拜自然并被动顺应接受自然。

火的发现是旧石器时代人类的一项重大成就，也是人类史上第一次能源技术革新。尽管火的发现是一次偶然过程，但人类随后熟练掌握了火的使用，从此学会了主动使用初级生物质能，进入了能够被称为"能源利用"的世界，生产和生活方式随之改变。火开辟了人类更加丰富的食物来源，人类"刀耕火种"逐步实现定居，并学会了冶炼和烧制金属、陶瓷工具与器皿。从此，人类告别了茹毛饮血的原始文明，开始向农业文明转化，开启了利用自然、改造自然的进程。

随着工具的使用和发明，人类进入农业文明阶段。人与自然关系在整体保持

和谐的同时，出现了阶段性和区域性的不和谐。农业社会生产力水平比原始社会有了很大提高，产生了以耕种与驯养为主的生产方式和以大家庭及社区为主的社会组织形式。伴随生活活动范围扩大，人类开始改造自然，过度开垦和砍伐，特别是为了争夺水土资源而频繁发生战争，这使人与自然、人与人的关系出现了局部性和阶段性紧张，但自然基本保持了生态系统自我修复的能力。

## 二、工业文明的开启与第二次能源革命

18 世纪中叶开始的第一次工业革命和 19 世纪中叶开始的第二次工业革命都与能源革命有着直接联系。一方面，煤炭和石油等化石能源的发现，扩大了能源来源，加速了能源商品化程度，推动了工业化进程；另一方面，工业化也带来了新能源技术和装备，推动整个能源体系发生了新的革命。伴随着蒸汽机和内燃机的发明应用，人类社会的生产方式由手工劳动向动力机器转变，生产力大大提高，市场上的商品越来越丰富，地区间的贸易成倍增长。同时，火车的出现改变了以往的畜力运输，为运输方式带来革命性变化，并加速了木材、煤炭、石油等大宗能源品种的商品化进程，给全球带来了丰富的能源品种。而随后汽车、飞机的出现和发展促进了石油的大规模使用。伴随着第一次工业革命和第二次工业革命，人类社会由农业文明向工业文明转变。与此同时，人类进一步征服自然，加剧了对自然资源的索取。例如，作为工业革命发源地的英国依靠木炭为燃料，大量砍伐森林，成为世界上第一个原始森林完全消失的国家。由于化石能源的大量使用，生态破坏和环境污染问题初步显现。

## 三、信息时代的开启与第三次能源革命

随着能源技术的不断进步，电力的广泛应用变为可能。这也使得能源传输技术发生了重大革命，推动能源生产和消费进入网络化时代，奠定了工业现代化的基础，并催生了自动化、信息化和互联网等技术及产品的出现与发展，带来生产、消费、运输、通信方式一系列重大发展与革命，改变了人类社会的组织形式，使得人类进入工业文明新阶段。工业文明为人类发展注入了前所未有的强劲动力，社会生产力飞速提升，生产效率不断提高，财富不断积累；生产方式日益机械化、规模化、信息化、智能化，劳动分工日益精细，组织管理日益集中；人类的生活资料日益丰富，基础设施日益完善，生活质量大幅提高；社会面貌极大改观，科技、教育、医疗、社会保障、文化等社会各个方面都有了长足的进步。

已经发生的三次能源革命，在加速科学技术进步的同时，也推动了能源消费技术、装备和产品的革命与发展，推动了人类生产与消费技术的变革和观念的改

变，使得浪费型能源需求及其实现的奢侈性消费成为可能，推动能源消费产生了几何级数的增长。据 BP 公司的能源统计，1965~2014 年全球一次能源消费量从 37.55 亿吨油当量增加到 129.28 亿吨油当量，增长了 2 倍多[1]。BP 公司预计，2011~2030 年全球能源消费总量还将增加 36%[2]。能源消费加速的同时也带来了一系列负面影响，包括能源安全凸显、能源贫困突出、环境问题加剧、极端气候事件增加等，人类只有彻底转变能源需求不断增长的趋势，摆脱对化石能源的依赖，才能维持文明永续发展。

上述历次能源革命并没有严格、清晰的界定，不同能源品种之间并不是绝对的替代与被替代关系，而是相对规模和结构的变化（图 1）。直到目前，包括薪柴、煤炭、石油、天然气、核电、可再生能源等，都是全球能源供应的重要来源。此外，虽然不同国家受发展水平、资源禀赋等因素影响，能源供应构成、利用效率水平等存在明显差异，但针对不同行业和具体领域，各种能源品种仍有用武之地，多元的能源结构是现代能源体系的重要特征。

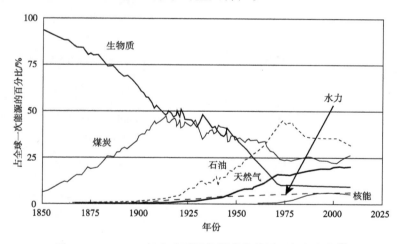

图 1　1850~2010 年全球不同能源种类使用比例的变化[3]

## 四、正在探索中的第四次能源革命

为实现全球经济社会的可持续发展，第四次能源革命的历史使命在于克服不断增长的能源需求带来的负面影响，确保全球能源供应的可持续性，第四次能源革命需要两个转型，一是由黑色的高碳能源转变为绿色的低碳能源的能源生产转型，二是能源消费由粗放低效向节约高效的方向转变，维系人类文明不断发展与延续，其主要内容包括五个方面：第一，大幅度提高能源效率，合理控制能源消费行为，控制能源消费无序增长，坚决抑制能源的无效和浪费需求；第二，建立可持续、以非化石能源为主体的能源供应体系；第三，确保人人享有可持续的能源供应，消除能源贫困，实现能源公平；第四，减少能源供应过程中环境和生态问题；第五，应对气候变化，构建清洁、低碳的能源体系。

与之前的能源革命相比，正在探索中的第四次能源革命是人类自主选择的结果。之前的能源革命大都属于自发出现、自然发展，推动了人类文明的进步，改变了人与自然的关系，同时也加剧了对自然的索取与破坏。正在探索中的第四次能源革命，清洁、低碳、可持续是其重要特征，它是人类进入生态文明发展阶段的客观需要，是人类对能源体系主动选择的结果，目的在于追求人类与自然、环境的和谐统一，维系人类自身的生存和发展。

## 参 考 文 献

[1] BP. BP statistical review of world energy[EB/OL]. http://www.bp.com/en/global/corporate/about-bp/energy-economics/statistical-review-of-world-energy.html，2015-06-10.

[2] BP. BP energy outlook 2030[EB/OL]. http://www.bp.com/content/dam/bp/pdf/statistical-review/BP_World_Energy_Outlook_booklet_2013.pdf.

[3] Johansson T B，Nakicenovic N，Patwardhan A，et al. Global Energy Assessment：Toward a Sustainable Future[M]. New York：Cambridge University Press，2012.

# 第二章　工业文明与生态危机

18 世纪中叶英国首先掀起了工业革命，拉开了人类从农业文明过渡到工业文明的帷幕。经过短短两三百年的工业化过程，目前世界上有 60 多个国家约 12 亿人口进入了工业社会。回顾各国的工业化历程，不难看出工业文明是一把强有力的双刃剑，人类在享受工业文明胜利果实的时候，工业革命也为人类敲响了警钟。工业革命以来，全球煤炭、石油、天然气等化石能源的生产和消费急剧增加，产生了极其严重的环境问题，包括环境污染、生态破坏、资源和能源过度消耗，全球性资源和能源短缺、生物多样性丧失，以及全球变暖等。

## 一、工业文明为人类社会带来的进步和危机

### （一）工业文明为人类社会带来的进步

工业文明为人类发展注入了前所未有的强劲动力，社会经济迅猛发展，社会面貌极大改观，人类生活质量大幅提高。

首先，工业社会生产力巨大变革，劳动生产率极大提高，大规模机器生产为主的工厂制取代了个体手工工场。以英国为例，工业革命在短短几十年里使得英国每个工人的日生产率平均提高了 20 倍，棉织品、煤炭、生铁产量分别提高了 50 倍、18 倍和 156 倍。1710~1760 年，英国人均棉花消耗量从 90 克上升到 200 克，对铁的消耗量从 4.1 万吨增到 6.3 万吨。法国开始工业化后，铁路总长度由 1835 年的 150 千米增加到 1870 年的 1.7 万千米。19 世纪初，法国只有 15 家企业使用区区数台蒸汽机，到 19 世纪中叶，这个数字增加到 59.2 万台[1]。

机械化、规模化的生产方式，日益精细的劳动分工，以及集中化的组织管理、扩大的贸易市场使得工业社会经济贸易空前繁荣。法国 18 世纪从波罗的海区域进口的商品增加了 15 倍；19 世纪，欧洲贸易增长了 7 倍。1830~1914 年，欧洲出口商品数量增长了 138 倍。

其次，城市化快速推进，人民的日常生活和思想观念变化巨大。随着工业和城市的发展，大量农村人口涌入城市。19 世纪 40 年代，英国城市人口已占全国

总人口的 75%。机器化大生产为人民提供了更加丰富的生活资料；城市化的生活，让知识与资讯沟通更为便利；城市基础设施的完善以及现代化交通工具的出现，使得生活更加便利。

在工业社会中，科技、教育、医疗、社会保障、文化等社会各个方面都有了很大进步：①科技方面，17 世纪随着工业化的发展，近代实验科学应运而生，作为"科学的语言"的数学发展了十进制、对数表、解析几何和微积分等新领域，科学上的很多问题被解决。②工业社会的历次科技革命把人类从手工劳动中解放出来，实现了生产的机械化、电气化，并逐步实现自动化和信息化。③随着科技和经济的发展、医疗仪器及药物的规模化生产，医疗卫生事业有了长足进步。18 世纪初期英国人口的死亡率为 35%~40%，1760~1780 年下降到 30%，19 世纪又下降到 25%[1]。抗生素的研制成功大大增强了人类抵抗细菌性感染的能力，拯救了无数生命；1979 年 10 月 26 日联合国宣布，全世界已经消灭了天花病。迄今为止，全世界共有超过 100 个国家消灭了疟疾。④经济的发展使各国有能力不断增加对教育的投资。20 世纪 70 年代开始，美国公共教育支出占 GDP（国内生产总值）的比重超过 6%，到 2008 年该比例增加为 7.6%[2]。⑤19 世纪 80 年代为了缓解劳资矛盾，德国搭建起世界上最早的以社会保险制度为核心的社会保障体系[3]。

工业文明的发展为环境危机治理提供了物质基础和科技支撑。发达国家的工业化最早面对环境危机，积累了丰富的环境治理经验。发达国家在工业化初期污染严重，通过严格的环保措施与产业转型，基本完成了常规污染物的治理。20 世纪 60 年代在西方发达国家掀起了反对环境污染的"生态保护运动"，千百万公众走上街头游行，要求政府采取有力措施治理和控制环境污染。20 世纪 70 年代以来，发达国家逐步开始采用强有力的环境法律和政策，尤其是以市场为主导的环境经济手段控制环境污染，同时把传统产业向其他国家转移，使环境污染得到有效控制，环境质量得到很大改善，并逐步实现了经济与环境协调发展。目前发达国家已逐渐从区域环境治理走向全球性环境治理，$SO_2$（二氧化硫）、COD（chemical oxygen demand，即化学需氧量）等污染物及指标已经不再是其重点关注对象，生物多样性保护、荒漠化以及气候变化问题成为威胁其可持续发展的最大挑战。发达国家投入大量人力、物力和财力进行治理后，环境质量得到根本性改善，在基础研究、技术设备的开发应用和管理立法等多方面的经验教训值得我们借鉴[4]。

## （二）工业文明为人类社会带来的危机

### 1. 全球环境危机爆发和演变

工业革命以来，煤炭、石油、天然气等化石能源快速发展，在加剧能源供应安全问题的同时，还产生了极其严重的环境问题，如造成大气污染、水污染和土壤污染，加剧了气候变化和臭氧层破坏等，直接威胁着经济社会的可持续发展。化石能源燃烧曾引发一些长时间、大面积、跨流域和跨国界的环境问题。例如，20世纪40年代发生在美国的洛杉矶光化学烟雾事件，是由于汽车尾气排放的大量碳氢化合物和氮氧化物在阳光作用下，与空气中其他成分发生化学作用而产生了含有臭氧、氧化氮、乙醛和其他氧化剂的剧毒烟雾[5]。1952年发生在英国伦敦的烟雾事件，是燃煤产生的二氧化硫和粉尘污染遇到不易扩散的天气条件所造成的大气污染物蓄积。2010年石油钻井平台爆炸而导致的美国墨西哥湾原油泄漏事件，给墨西哥湾及沿岸生态环境带来了巨大破坏。

## 2. 全球气候变化显著

　　根据IPCC（Intergovernmental Panel on Climate Change，即联合国政府间气候变化专门委员会）第五次评估报告第一工作组报告，全球气候正在发生显著变化，1951年以来全球变暖的主要原因极有可能是人类自工业革命以来累积排放的$CO_2$（二氧化碳）数量不断增加，打破了自然界碳循环的平衡。1896年物理化学家阿仑尼乌斯通过定量计算提出化石燃料燃烧导致的$CO_2$浓度上升具有使全球变暖的可能性。

　　观测数据表明$CO_2$浓度由工业革命前的280ppm[①]持续上升，近期$CO_2$浓度已首次逼近或突破400ppm，地表平均温度也呈现出上升趋势（图1）。

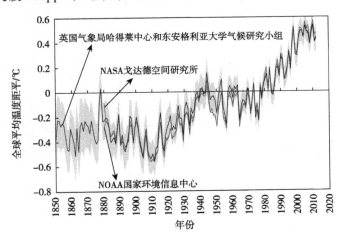

图1　1850~2012年全球地表年平均温度距平变化
（相对于1961~1990年平均值）[6]

　　全球气候正在发生显著变化，除了表现在地球表面和海洋温度上升、海平面

---

　　① ppm代表百分比浓度。

上升、冰帽消融及冰川退缩，更表现在极端气候事件频率增加。IPCC 报告提出，1980~2012 年，极端天气事件呈现不断增多增强趋势（图2）。预计未来全球大多数陆地地区极端气候与自然灾害事件的频率和强度很可能会进一步增加。研究表明，极端气候事件对全球造成的损失，1980 年约为每年几十亿美元，而 2010 年已上升至每年大于 2 000 亿美元，这还不包括对人们生命健康的影响和对生态系统及文化遗产的损坏[7]。

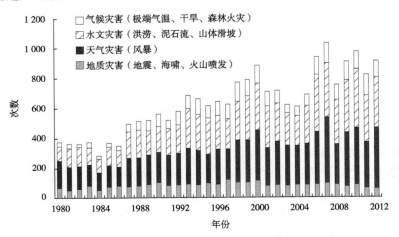

图2　1980~2012 年全球重大自然灾害发生次数变化[8]

### 3. 能源贫困突出

人类文明发展过程中的能源技术革命造成了能源消费的不公平现象，一方面是部分发达国家和地区出现了浪费性能源消费，使得化石能源成为稀缺资源、高价资源，造成了能源只能满足少数发达国家需要的局面。另一方面是大多数发展中国家和地区出现了普遍的能源贫困现象，基本的能源供应都不能得以保障。这种不公平随着能源消费的增加而逐渐加剧，使得形成能源普遍服务成为奢望。例如，美国人均年消费约 10 吨标准煤，是最不发达国家平均水平的 100 倍；美国、加拿大、挪威等国家的年人均用电量都超过了 10 000 千瓦时。根据 2014 年《全球能源评估》（Global Energy Assessment，GEA）的报告[9]，目前，全球约 12 亿人口仍然用不上电，相当于印度人口总数；约 28 亿人口要依靠木柴、秸秆、粪便以及其他材料取暖和做饭。能源贫困现象不仅在能源稀缺国较为常见，一些能源生产大国也存在这个问题，无法为本国提供足够的燃料和电力。例如，非洲最大的石油生产国尼日利亚由于缺乏生产和输送能源的基础设施，约 8 240 万人无电可用，数量仅次于印度，仍有约 1 178 万人需要依靠木材和生物质生活。印度尼西亚虽然拥有全球最大的煤炭出口量，2011 年更是成为第八大天然气出口国，但印度尼西亚至今仍有 1 312 万人以木材和生物质等材料维生。如果这些能源贫困问题不能得以解决，建立可持续的能源体系就是空谈。

### 4. 能源安全问题凸显

能源消费量随经济与社会的发展不断攀升，满足能源需求增长、确保能源安全成为世界各国政府的重要任务之一，也是国际社会的重要热点和重点问题之一，由此引发的贸易争端、摩擦，乃至战争连绵不断。例如，20 世纪 90 年代发生的海湾战争，起因就是伊拉克希望通过占有科威特的资源，使自己成为支配阿拉伯世界和波斯湾的石油强国，而美国之所以进攻伊拉克，其政治目的在于维持自己在中东的霸权和石油利益。又如，1973 年第四次中东战争引起的第一次石油危机和 1978 年伊朗爆发革命引发的第二次石油危机，这两次石油危机具有共同的特征，都是由能源主产国实施石油禁运或能源主产地局势动荡引起的能源供应短缺危机。如今，能源安全的内涵更为丰富。它不仅仅是能源供应安全问题，而且是包括能源供应、能源需求、能源价格、能源运输、能源使用等安全问题在内的综合性风险与威胁。

### 5. 社会矛盾加剧

工业化社会对物质和经济发展盲目的追求，导致了一系列社会问题，包括社会公平正义和诚信缺失、贫富分化严重、道德败坏、劳资矛盾激烈、经济危机、失业、社会政治动荡甚至局部战争问题、居民生活保障问题、社会安全问题等。美国劳工统计局 2004 年 6 月公布美国的失业率为 5.6%，同时有 470 万因"经济原因"而非自愿兼职的工人，每天都有 674 万失业人口在寻找工作。2008 年的金融危机爆发后，美国失业率从 5% 急剧攀升至 2009 年 10 月 10.1% 的高点。失业导致了严重的浪费现象，2001 年，美国有 25% 的工业生产能力处于闲置状态，因而少生产了 1.2 万亿美元的商品[10]。2011 年 10 月美国国会预算办公室公布的数据表明，1979~2007 年，1% 的最高收入者平均税后家庭实际收入攀升了 275%，而中间 3/5 的人口只增长了不到 40%；美国人口普查局的统计数据也显示，在这 30 年间，最贫困家庭的收入减少了 21.4%，而最富裕的家庭收入增加了 13.8%[11]。

## （三）危机的根源

在工业文明的大背景下，人类社会的发展理念发生了根本性变化，科技发展乃至于整个社会体系都沿着有利于资本增值的方向发展。这种变化激励人们追求创造更多的物质，人类失去了对自然的敬畏感，仅仅把自然看做资源的供给地。工业文明对自然的征服过程，逐渐演变为对自然的掠夺和破坏，大量的资源被消耗掉，越来越多难以被自然界消纳的工业产品及其副产物被制造出来，引发了严重的环境危机。

工业文明导致环境危机的直接原因，一是将经济增长作为社会发展的最高目标以及衡量发展水平的唯一标准，以实现资本增值为目的来构建人类社会的运行模式，人类的物质欲望被无限地激发和创造出来，工业化成为缺乏制约、追求生产无限扩大的过程；二是生产工具和技术的巨大变革使得人类对自然的改造逐渐发展到可以干预自然进程、违背自然规律的地步；三是物质与能量的转换方式从自然界的闭环循环变为开放链条，产生了大量人造的难以被自然界降解的物质。加之"大量生产—大量消费—大量废弃"的生活方式，加剧了资源、能源的过度消耗和环境污染，同时人们环境意识薄弱，缺乏对环境污染的治理措施，污染物排放逐渐突破生态环境所能消纳的极限，全球环境迅速恶化。自 20 世纪初期开始，污染公害事件频发，特别是轰动一时的"世界八大公害事件"，造成大量人群发病和死亡，使得人们开始意识到污染已经成为人类健康和生存的重要威胁。

工业文明带来了社会的巨大发展，同时带来了严重的生态危机。进步与危机是辩证统一的，但是生态危机并不是工业文明的必然后果。政府体制条块分割、环境管理与经济发展脱节、生产与消费分离、认知支离破碎、科学还原论主导、决策就事论事，导致资源代谢在时间、空间尺度上的滞留和耗竭，系统耦合在结构、功能关系上的破碎和板结，社会行为在局部、整体关系上的短见和反馈机制的缺损，从而导致了生态危机的出现。例如，20 世纪 30 年代美国南部大平原的沙尘暴被称为"人类历史上三大生态灾难"之一，主要原因是联邦政府采取多项政策，积极引导大平原的开发，先后颁布了《宅地法》《造林法》《扩大宅地法》等，依据这些法律，人们付出很小的代价就可以拥有一片土地，高强度的开发导致了严重的生态后果。又如，中国为 20 世纪 50 年代的"大跃进"、大炼钢铁、毁林毁草开垦、围湖造田等一系列政策，付出了严重的生态环境代价，显示出建立并完善环境评价、管理体系对政府决策和国家发展的重要意义。

发达国家环境治理的经验也表明，通过体制改革和技术创新，综合运用法律、经济、行政、技术和教育等各种手段，调控人类生产生活行为，降低经济发展带来的资源环境影响，大力推行循环经济模式和清洁生产，正确处理好生态建设、环境保护和资源的开发与利用，正确处理好经济发展与人口、资源、环境之间的关系，走可持续发展的工业化道路，就可以缓解生态危机。英国在伦敦烟雾事件后颁布了一系列涉及道路交通、有害气体防治，制碱法工艺等方面的法律法规。到 1976 年，伦敦的能见度比 1958 年增加了 3 倍，冬季日照时间增加了 70%。德国的弗赖堡已建成世界上第一个太阳城，城中的办公楼和住房就是太阳能发电站，房屋建筑材料使用的是太阳能电池材料，每幢太阳能房屋发出的电力供应超过房屋自身用电的 5 倍以上，多余的电输送到一个中心配电站，用于一些更耗能的业务。美国能源部和斯坦福大学最近完成一份报告，认为仅依赖现有的技术条件和几个州的风力，就可以满足全美的能源需要。欧洲能源委员会近期也完成了一份报告，北美大平原、中国西北、东西伯利亚、阿根廷北部地区的风力加上各大洋沿海主要城市的风力可以完全满足全球能源需要。

正在进行工业化的国家要吸收发达国家"先污染后治理"的历史教训和环境治理的经验，借鉴发达国家先进的科学技术和管理理念及经验，寓环境保护于经济社会发展之中，走新型城市化、工业化道路，推进生态文明建设，切实落实"五位一体"发展布局，减轻经济发展带来的生态环境影响，甚至避免生态危机的出现。

## 二、工业文明为中国带来的进步和危机

### （一）工业文明为中国带来的进步

#### 1. 生产方式与能源效率的进步

生产力进步是国家发展的首要驱动力。工业文明推动中国生产力发展主要包括五个方面：①工业技术变革带来生产力与生产效率提升；②工业发展促进农机生产，推动农业生产力提升；③农业生产力提升释放农村劳动力，剩余劳动力反哺工业发展；④劳动力工作形式由体力劳动向脑力劳动转移；⑤生产力的提升也表现为低能耗生产力和清洁生产力增加。

工业文明对中国工业化和综合经济的提升首先改变了原有的工业生产方式，表现在工业生产的流水线化使大型集成设备能够运行，人力体力劳动的误差得以降到最小，规模化生产高速发展。以钢铁生产为例，1975年全国拥有炼铁高炉945座，年生铁产量2 449万吨，到2009年全国拥有炼铁高炉513座，年生铁产量48 323万吨，设备生产效率提升 36 倍[12]。新中国成立初期，中国的农业机械总动力仅为8.1万千瓦，无1台联合收割机；到2012年，全国农业机械总动力已经突破10亿千瓦，拥有联合收割机突破100万台。从1978年农业人口人均农业生产总值260元（2011年价），上升到2011年7 232元（2011年价）[13,14]。工业化推动农业生产方式的转变，不仅使农业生产受益，而且伴随而来的是大量农村劳动力剩余补充到城镇化与工业化过程中。第二次农业普查数据显示，2007年中国跨省农村劳动力转移人次约6 460万人[15]。劳动力工作形式渐渐由体力劳动向脑力劳动转变。住宿餐饮产业增加值占第三产业增加值的比重由1978年的5.1%下降为2011年的 4.5%，而金融业增加值占第三产业增加值的比重由 1978 年的 7.8%上升为2011年的12.2%。三次产业间的就业人口比重由1978年的70.5∶17.3∶12.2变为

2011 年的 34.8：29.5：35.7[16]。近 10 年内，信息传输、计算机服务和软件业的年均就业人数增长接近 8%，住宿餐饮业约为 4.3%，而农林牧渔业就业人数持续下降至 3.7%[13,14]。

## 2. 生产关系与社会发展的进步

生产关系要与生产力相适应。工业文明加速了中国生产力的发展，同时也对中国的生产关系变革产生了深远影响，表现在三个方面：①工业文明推动市场经济体制建设，经营主体与经营形式不断丰富；②现代企业组织形式助推农业生产组织形式变革；③工业文明发展弱化城乡二元社会结构。

工业文明大发展迫切需要中国由计划经济体制迈向市场经济体制。市场经济体制改革取得了不少成效，企业的经营主体与经营形式多样化。例如，国有企业工业增加值占总增加值的比重由 1995 年的 34%下降为 2011 年的 10.7%；国有单位全社会固定资产投资总额占全国固定资产投资总额的比重由 1995 年的 82%下降至 2011 年的 26.5%；国有单位就业人员数占全国总就业人员数的比重由 1995 年的 73.5%下降至 2011 年的 46.5%；个体与私营经济的固定资产投资由 1995 年的 13%提升到 2011 年的 26%[14~17]。同时，由于现代企业生产方式和组织模式的引入，很多外出务工的农村家庭将农田流转到农业生产大户手中，进一步推动农业专业化发展。2004 年起，国务院连续发文明确提出支持农业产业化龙头企业发展，至 2010 年 3 月底中国有国家级农业龙头企业 892 家，2006 年国家级重点龙头企业的平均销售额为 7.2 亿元，2008 年增长为 10.64 亿元，国家级重点龙头企业的销售额以年均 23.89%的速度增长。2000 年第一批国家级农业产业化龙头企业平均带动农户达 9.9 万户，远高于其他农业合作组织模式[18]。工业文明促进中国工业体系协调发展，据统计，轻工业容纳劳动力的能力是重工业的 32 倍[19]，改革开放后中国的工业体系调整明显，促进了就业水平提升，推动农村轻工业的发展，助推中国走出二元社会结构，这既有利于中国的经济和社会现代化，还有利于当前中国农业面貌的改变和社会公平的实现。

## 3. 生活方式与社会福祉的进步

工业文明不仅推动中国经济生产方式的进步，也改善居民生活方式、提升社会福祉，主要体现在四个方面：①工业发展伴随科技进步，各种生活设施丰富创新；②文化与卫生事业技术水平不断提升；③信息进一步公开与社会保障体系建设完善；④物资生产进一步丰富，居民收入水平与生活水平提升。

通信与信息获取是当代居民的重要生活内容。随着 3G 技术在国内的应用，越来越多的居民把手机由传统的单一通话功能手机更换为兼顾视频娱乐的智能手机。

2011 年全球范围内 3G 网络用户数为 10 亿，中国为 2.2 亿，占全球 3G 网络用户的 1/5；互联网上网人数 5.64 亿，其中使用移动电话上网人数 4.2 亿，互联网普及率达到 42.1%[20]。2012 年，中国广播覆盖率达到 97.06%，电视覆盖率为 97.82%。工业发展也推动交通工具的升级，使中国由自行车大国变为汽车大国。据中国汽车工业协会统计，2012 年全国汽车产销 1 927.18 万辆和 1 930.64 万辆，同比分别增长 4.6% 和 4.3%，创历史新高，再次刷新全球纪录，连续四年蝉联世界第一。此外，在居民的教育、文化、卫生方面，工业技术创新也在发挥巨大作用。在教育方面，教育信息化已跨入云计算、大数据时代，资源随着"农村中小学现代远程教育"项目"三种模式"教学应用的广泛深入走进农村中小学课堂。并且，随着工业化和信息化的不断深入，政务与公共服务也进入新的技术时代。2005 年中国以 gov.cn 命名的政府门户网站就已经突破了 1 万个。经过短短 4 年的发展，2009 年中国的政府网站达到了 4.5 万个[21]。微博问政、电视问政也成为当前群众参与时事的重要形式。不少城市的智慧建设也包括了智慧城市管理工程。同时，中国城镇居民恩格尔系数从 1978 年的 57.5%下降为 2011 年的 36.3%，农村居民家庭恩格尔系数从 1978 年的 67.7%下降至 2011 年的 40.4%。以 2011 年价格计算，城镇居民人均可支配收入在 30 余年间增长约 5 倍。并且，从 1961 年到 2009 年，每天人均肉类摄入量从 63 克上升到 115 克，鱼类的摄入量从 25 克上升到 51 克，2009 年肉类及鱼类的供给总量分别是 1961 年的 4 倍和 4.5 倍。居民的收入与生活水平不断提高[14]。

### 4. 天人关系与自然生态的进化

工业文明对中国社会经济发展有深刻影响，同时，也影响着中国自然生态进化及人与自然关系的变迁。虽然，工业文明以资源消耗换取社会经济发展，但工业文明同时也在改造自然生态，甚至反哺自然生态环境。此类正面影响主要有三个方面：①工业技术创新促进资源环境承载力提升；②工业技术创新推进生态建设工作；③人与自然关系的矛盾演化也是人性提升的体现。

任何事物都有两面性，工业文明正面还是负面影响占据优势，完全取决于人类对工业产品的使用方式。例如，化肥作为典型的工业产品，合理的测土配方施肥方法会改善土壤肥力，但是过量的施肥就会造成土壤的板结和肥力下降。并且，对作物基因的改良，也会从外部因子上提升土地的生产承载力。例如，全国水稻平均亩①产 300 千克左右，但是袁隆平的"超级稻"2013 年最高亩产达 911.27 千克，平均亩产达 879.9 千克，利用工业技术可以使土地生产承载力提升近 2 倍[22]。工业文明不仅服务于自然资源的承载力和产出效率，同时，也丰富了自然环境的保护方法。从过去的隔离式被动保护，到现在的干预式主动保护。人工鸟巢、飞机播种、森林

---

① 1 亩≈666.67 平方米。

火灾的飞机扑救等都是工业技术服务自然环境保护的典型案例。在生态建设方面，从 1978 年中国"三北防护林体系建设"开始至 2014 年第七次森林资源普查结束，中国森林覆盖率由 12.75% 上升至 21.63%，中国森林资源进入了数量增长、质量提升的稳步发展时期[23,24]。此外，工业文明对自然生态系统最大的影响还是给人类带来了"自信心"，无论人与自然的关系是矛盾激化还是暂时妥协，都必须认识到：这种工业文明造成的人类从屈服自然到征服自然，再到现在的反思人类与自然该如何相处的过程，其本质就是人类心智的成长过程，也是人与自然关系进化的体现。

## （二）工业文明为中国带来的危机

### 1. 大气污染问题

1）大气污染形势

中国主要大气污染物排放量居世界首位，远超环境容量，而大气污染的污染物排放源主要来自燃煤（图 3）。除此之外，工业占大气污染物排放量的比重较高（表 1），城市交通和汽车产业也带来了严重的机动车尾气污染（图 4），而机动车尾气污染主要来源是油制品的燃烧。

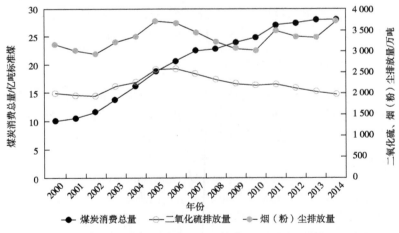

图 3　2000~2014 年中国煤炭消费量及主要大气污染物排放量[13]

表 1　2011 年重点行业主要污染物排放占工业排放量的比例[25]（单位：%）

| 行业 | 二氧化硫 | 氮氧化物 | 烟（粉）尘 |
| --- | --- | --- | --- |
| 电力、热力的生产和供应业 | 47.5 | 66.7 | 21.0 |
| 非金属矿物制品业 | 10.6 | 16.2 | 27.1 |
| 黑色金属冶炼及压延加工业 | 13.3 | 5.7 | 20.1 |

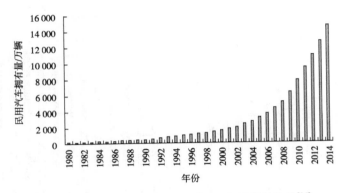

图 4　1980~2014 年中国民用汽车拥有量增长趋势[26]

2）大气污染特征

中国区域性、复合型大气污染严重。中国大气污染正由煤烟型污染转变为煤烟型与机动车尾气污染共存的复合型污染，具有明显的局地污染和区域污染相结合、污染物之间相互耦合的特征。大气环境形势总体上进入了多物种共存、多污染源叠加、多尺度关联、多过程演化、多介质影响为特征的复合型大气污染阶段。

PM$_{2.5}$（细颗粒物）成为空气首要污染物。2012 年年底到 2013 年年初，中国空前的大范围的阴霾持续近 20 天，煤炭燃烧排放是其重要成因。从 2001~2006 年中国 PM$_{2.5}$ 平均值的全国分布图可看出，中国受雾霾污染严重的地区与煤炭燃烧强度大的地区是基本重合的[①]。

## 2. 水污染问题

1）水污染形势

水污染防治方面，目前中国水体环境的污染源主要包括工业废水、生活污水和农业面源污染三大类。中国工业废水排放量持续下降，生活污水排放量快速增长（图 5）。

2）水污染特征

中国区域性、复合型水污染严重。从污染特征来看，中国处在有机污染尚未根本解决，水体富营养化和重金属、持久性有机污染物（persistent organic pollutants，POPs）等有毒有害物质污染并存阶段（图 6、图 7）。

水质总体较差，地下水污染严重。中国水污染问题呈现出从局部到区域、流域，从单一污染到复合型污染，从隐性危害向显性危害，从地表水到地下水的"图景"，经历了水质恶化、水质稳定、略有好转三个阶段（图 8、图 9）。

---

① 资料来源：https://www.nasa.gov/topics/earth/features/health-sapping.html。

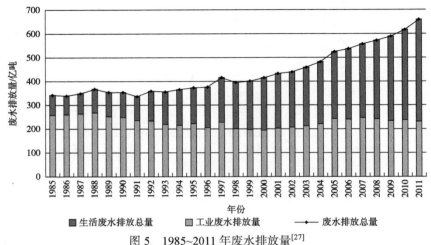

图 5　1985~2011 年废水排放量[27]

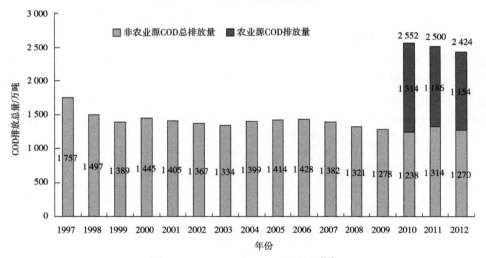

图 6　1997~2012 年 COD 排放量[28]

自 2010 年起环境统计中增加了农业源的污染排放统计，包括种植业、水产养殖业和畜禽养殖业排放的污染物；
另外还增加了集中式污染治理设施的排放情况，是指生活垃圾处理厂（场）和危险废物（医疗废物）
集中处理（置）厂垃圾渗滤液/废水及其污染物的排放量

## 3. 土壤污染问题

中国的土壤污染面积在不断扩大，污染物类型不断增多，种类叠加、浓度提高，影响到食物安全、饮用水安全、生态安全和人居环境安全，并随着工业化和城镇化的进一步推进，土壤污染和退化问题呈现出明显的多元性、多样性、复合性，土壤环境保护的滞后性凸显出来。耕地土壤污染面积大，复合型土壤污染非常严重（图 10）。

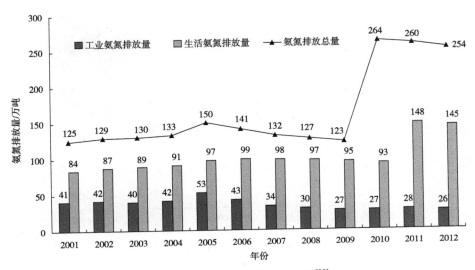

图 7 2001~2012年氨氮排放量[28]

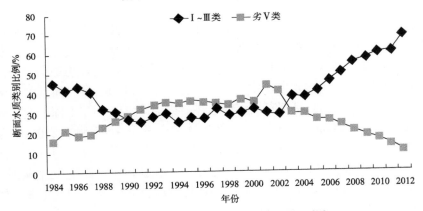

图 8 1984~2012年地表水水质变化趋势[29]

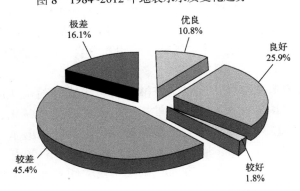

图 9 2014年全国地下水水质状况[29]

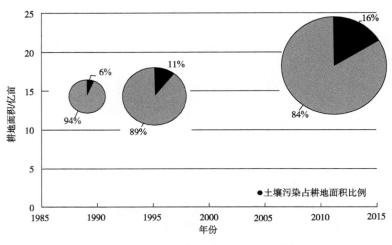

图 10　被污染土壤占耕地面积比例[30]

### 4. 固体废物问题

固体废物污染方面，城镇固体废物污染加重了水污染和大气污染，造成了严重的土壤污染，易引发新的群体性社会问题。随着工业化、城镇化的快速发展，工业、建筑垃圾和城镇生活垃圾等固体废物产生量呈快速上升趋势，由于缺乏必要的处置设施，垃圾围城现象非常突出，成为严重的环境公害。而且中国历来固体废物的产量都很大，且呈不断增多的趋势。据统计，1998 年中国工业固体废物的产量为 8 亿吨，2002 年中国工业固体废物的产量为 9.5 亿吨，2005 年为 13.4 亿吨，而 2011 年工业固体废物产生量已经超过 20 亿吨[28]；与此同时，目前中国城市废物的产生量约为 2 亿吨/年，工农业生物质废物产生量高达 40 亿吨/年，200 多座城市处于垃圾包围之中，成为新的环境污染源。"十一五"期间工业固体废物总堆存量净增加 70 亿吨，累计堆存量达到 110 亿吨。

固体废物若不经一定处理处置，长期堆存不仅占用大量土地，而且所含的重金属元素、有毒有害介质、微细粉尘、有机污染物等造成了严重的大气、水体、土壤污染和生态危害；同时，导致污染事故频繁发生，危及群众安全，易引发社会群体事件。

有害固体废物长期堆存，经过雨雪淋溶，可溶成分随水从地表向下渗透，向土壤迁移转化，富集有害物质，使堆场附近土质酸化、碱化、硬化，甚至发生重金属型污染。例如，一般的有色金属冶炼厂附近的土壤里，铅含量为正常土壤中含量的 10~40 倍，铜含量为 5~200 倍，锌含量为 5~50 倍。这些有毒物质一方面通过土壤进入水体，另一方面在土壤中发生积累而被植物吸收，毒害农作物。

### 5. 生态退化问题

中国的自然环境先天脆弱，干旱、半干旱地区占国土面积的 52%，高寒缺氧的青藏高原占 200 万平方千米，高山和丘陵地区占全国陆地面积的 2/3，石漠化岩溶地区面积达 90 万平方千米，总体上 60%以上的国土面临某种或多种生态问题的严重威胁，生态退化问题严重。

在自然生态系统先天脆弱的背景下，中国人口规模与经济发展则持续高速增长，脆弱的自然生态系统和严酷的生存环境难以承受人口规模与经济发展的快速增长，导致区域生态承载力难以为继，出现严峻的国土生态危机，自然生态系统受损严重。人类不合理的开发进一步影响和破坏脆弱的自然生态系统，导致一系列生态危机。中国部分重要生态功能区的生态环境继续恶化，主要表现为：江河源区生态环境质量日趋下降，水源涵养等生态功能严重衰退；江河洪水调蓄区生态系统退化，湿地面积减少、功能退化，导致水文调蓄功能下降，旱涝灾害频繁发生；北方重要防风固沙区植被破坏严重，沙尘暴频发；水土流失严重，耕地质量下降；森林质量不高，生态调节功能下降；生物多样性减少，资源开发活动对生态环境破坏严重。据统计，中国现有土壤侵蚀总面积 294.91 万平方千米，占普查范围总面积的 31.12%。其中，水力侵蚀 129.32 万平方千米，风力侵蚀 165.59 万平方千米。截至 2014 年，全国荒漠化土地总面积 261.16 万平方千米，占国土总面积的 27.20%，全国约 90%的天然草地存在不同程度的退化。同时，生物多样性面临严重威胁，野生高等植物濒危比例达 15%~20%，野生动物濒危程度不断加剧，233 种脊椎动物濒临灭绝。外来入侵物种严重威胁中国的自然生态系统，初步查明中国有外来入侵物种 500 种左右，每年造成的经济损失约为 1 200 亿元[31]。

### 6. 气候变化问题

1988 年，中国煤炭消耗超过美国，2007 中国能耗超过美国，2009 年中国 $CO_2$ 排放超过美国，成为全球最大的 $CO_2$ 排放国。纵观 1988~2012 年这 25 年，中国煤炭消费增长 2.8 倍，美国煤炭消费却有所下降（图 11）。在 2011 年，中国能源消费量与美国相当，但由于中国能源结构以煤为主，温室气体排放量比美国高出近 80%（图 12）。IPCC 第五次评估报告第一工作组报告提出（2013 年 9 月），全球气候正在发生显著变化，表现在地球表面和海洋温度上升、海平面上升、冰帽消融和冰川退缩、极端气候事件频率增加，1951 年以来全球变暖的主要原因极有可能是人类自工业革命以来累积排放的 $CO_2$ 数量不断增加，打破了自然界碳循环的平衡。IPCC 报告提出，在"到 2100 年相对于 1850~1900 年温升不超过 2℃"

目标下，2011~2100 年剩下的全球的排放空间已不足 1861~2100 年的一半，全球到 2050 年排放量需比 1990 年降低 14%~96%。因此，中国未来可获得的排放空间非常有限。

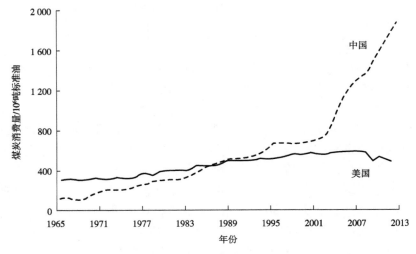

图 11　中美煤炭消费量对比

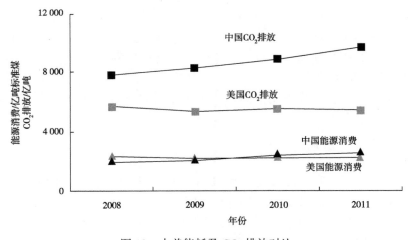

图 12　中美能耗及 $CO_2$ 排放对比

## 7. 环境生态及气候问题为中国带来的影响和危害

1）对健康的影响

基础卫生设施不足导致的传统环境与健康问题还没有得到妥善解决的同时，工业化、城镇化进程带来的环境污染与健康风险逐步增强。中国人群暴露时间长，污染物暴露水平高，历史累积污染对健康影响短时间内难以消除。大气污染及水污染造成的健康损失较为严重（图13）。

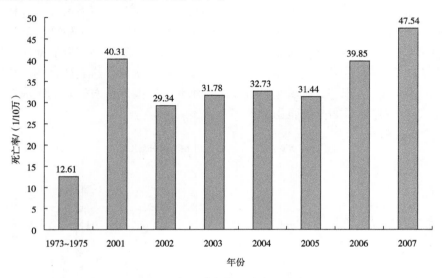

图 13　中国城市居民肺癌死亡率

2）生态承载力供需失衡

中国主要污染物排放已远超环境容量，生态承载力供需严重失衡，沿海城市地区表现尤为突出。随着城镇化进程的不断加快，这些地区空间生态不平衡性将更加严重。

3）环境污染事件频发

当前，中国已经进入环境污染事件高发期，近年来突发环境事件次数居高不下且有增长趋势。环境事件对公众健康、社会稳定、经济发展甚至外交局势已造成重大影响（表2）。

表 2　2007~2011 年突发环境事件统计[27]

| 年份 | 突发环境事件次数/次 | 直接经济损失/万元 | 按事故程度分/次 | | | |
|---|---|---|---|---|---|---|
| | | | 特别重大环境事件 | 重大环境事件 | 较大环境事件 | 一般环境事件 |
| 2007 | 462 | 3 016.5 | 1 | 9 | 11 | 434 |
| 2008 | 474 | 18 185.6 | 0 | 12 | 41 | 421 |
| 2009 | 418 | 43 354.4 | 2 | 2 | 6 | 2 121 |
| 2010 | 420 | | 0 | 3 | 12 | 405 |
| 2011 | 542 | | 0 | 12 | 12 | 518 |

4）极端气候事件频发

气候变化对中国的生态环境造成了较大影响，生态系统的脆弱性增强，主要
表现为土地荒漠化、水土流失、草地退化、水资源短缺、水环境污染、森林及湿
地退化等问题。自 20 世纪 50 年代以来，中国大部分地区冰川面积缩小了 10%以
上，多年冻土的面积减小，活动层厚度增加。中国是气象灾害多发的地区，气候
变暖导致中国灾害性天气气候事件的强度与频率发生变化，造成严重的人员和财
产损失（图 14）。未来，随着全球气候继续增暖，一些地区对变暖的响应会更加
敏感，气候变化造成的中国脆弱地区将会增多。

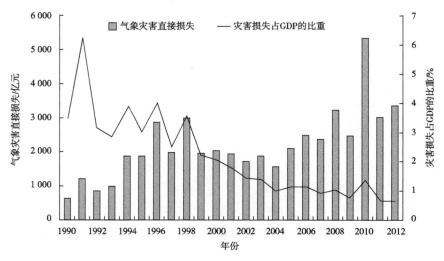

图 14　1990~2012 年中国气象灾害直接经济损失及其占 GDP 的比重变化

## 三、当前中国出现生态严重失衡的原因

### （一）人类活动是造成生态失衡最主要的直接原因

生态失衡是由于人类不合理地开发和利用自然资源，其干预程度超过生态系
统的阈值范围，破坏了原有的生态平衡状态，而对生态环境带来不良影响的一种
生态现象。生态不能得到有效治理，生态失衡加剧将使生态环境被严重破坏而形
成生态危机，人类的生存与发展会受到威胁。随着生态失衡的恶性累积，生态系
统从一种相对稳定的状态变得越来越不稳定，究其原因是人类活动在这个过程中
打破了生态系统的自然调节。

中国的生态严重失衡可概述为生态系统的全面退化，表现为：气候灾害频现，
水土流失与土地荒漠化趋势加剧；森林、草原和湿地等绿地面积减少，生物多样

性受到严重破坏；农业生态系统退化，可耕地面积大幅减少；等等。

中国生态严重失衡发生的直接原因是：人为造成的城乡环境严重污染，诸多环境指数超标；人均资源匮乏，对自然资源盲目和低效率开发利用；人口膨胀和快速城镇化对资源的占用、消耗及对环境的影响超过了生态系统的承载力；等等[32]。

## （二）体制、机制、法制和政策是导致生态失衡的重要因素

除了自然因素外，中国生态严重失衡发生的更深层次原因很大部分是源于制度层面，并通过体制、机制、法制和政策等作用于经济社会，对生态环境产生很大的影响，事实上造成了掠夺式开发利用和过度消费生态资源，导致生态财富的"贬值"与结构扭曲，进而发生生态失衡甚至生态危机。

### 1. 体制、机制、法制及政策难以适应生态保护要求的制度分析

制度问题都是涉及社会、经济、生态的横向问题，这些问题由来已久，是中国政治、文化、法治等长期演化的综合结果，具体表现为体制、机制、法制和政策难以适应生态保护要求。从宏观上分析，主要包括三方面内容。

1）发展理念与目标

国家层面及地方层面以经济建设为中心的发展方式、GDP导向的地区竞争模式，导致各级政府片面追求GDP，重视数量上的增长、忽视质量上的改善，地区之间竞逐经济发展超过了地区的生态环境承载力。事实上考核体制对生态责任的模糊化，也是导致生态失衡的重要因素。

2）府际关系与权责安排

中央政府与地方政府权责安排不明确、不对等，突出表现在对生态类公共产品的提供与治理到底由谁负责，财政体制没有清晰地根据财权事权匹配的实际情况给予资金支持，导致了中央政府与地方政府、地方各级政府间对区域性生态产品（如流域治理等）的管理责任与财政支持不平衡，难以修正各地区生态公共产品成本收益不对称，长期积累使不同区域的生态出现失衡。

3）政府与市场关系

生态产品是公共产品，与人的因素密切相关，近代以来生态失衡的出现主要是人类活动造成的。一方面，公共产品需要政府提供（治理），另一方面，市场主体又是导致生态变化的重要因素。例如，资源有偿使用制度，应由政府主导制定，收益中的部分应用于生态治理，同时政府应积极进行过程与结果的监管。从目前情况看，由于上述问题没有理顺，政府对生态环境等公共产品治理程度严重不足，对市场主体的行政监管和法律约束不力。

### 2. 制度问题是导致生态失衡的重要原因

中国生态环境制度领域的主要问题归纳为：一是在一些关键的、脆弱的生态领域缺乏有效制度约束；二是部分已有的制度尚不完善；三是各级政府对制度的执行力较差，或对生态领域不够重视。以下是制度领域不足导致生态失衡的几个重要原因。

1）国民核算体系对生态影响的考量不足

国民核算体系对生态影响的考量不足，既反映了基本制度的缺失，又是导致具体政策执行不力的重要原因。中国现行的国民核算体系（《中国国民经济核算体系（2002）》）于 2003 年开始实施。从名称上看，是以"经济"而非财富为核心的核算体系，其直接对应的是狭义的"经济增长"，对更广义的"经济发展"缺乏有效的描述或衡量。从对象上看，其核算的资产是指经济资产，并要求已确权和能获利两个条件，将非商品性的生态资产排除在外。从核算范围上看，基本上仅限于经济活动，而不是更广泛的社会经济活动，通常只给出财富消费和分配的总量，对结构和过程的考量较弱，对生态的影响难以测度且没有包括其中。

现行核算体系对经济增长（尤其是中间过程）中给生态环境带来的外部性影响没有统计与核算。从现有核算体系中最重要的总量指标 GDP 与生态环境的关系来看，一是没有将自然资源的损耗、环境及生态损害等全部计入完全成本，二是产出的核算原则依据的是市场价格，没有充分考虑到自然资源的稀缺性，导致资源浪费和 GDP 虚增等问题，部分负面影响在短期内是无法显现的。

2）政绩考核体系重经济增长轻质量与效率

考核指标是当前政府政绩考核体系的核心内容，尽管近年来中国不断调整和完善政绩考核指标体系，但总体上看仍属于"打补丁"式的调整而难以避免以经济增长为核心的政绩考核，以"一票否决"的形式将近期强调生态环境类的指标嵌入原有考核指标体系中，缺乏对生态文明建设及经济社会全面、协调、可持续发展的总体考量。

政绩考核体系重经济增长轻质量与效率的问题仍然广泛存在，表现在：一是经济增长指标地位虽有所下降，但仍是最具重要性的考核内容，从生态环境影响考虑的质量指标和从资源合理利用考虑的效率指标仍难以有效实施统计与考核；二是对政府履行监管（尤其是涉及生态环境保护的社会性监管）与治理的考核内容很少，不利于激励政府自觉地治理生态失衡问题；三是考核体系中增加了一些资源环境类指标，但大多数仍处于从属地位（权重较低），重污染防治、轻生态保护，对生态环境的承载力这一红线考虑不足；四是缺乏对地区间考核指标统一性与差异性的考虑，主体功能区及其生态环境差异难以在地市一级政府考核中有效体现。

3）资源管理体制与资源管理在国家管理体系中的定位不匹配

受对资源认识的变化、资源需求的变化及经济体制改革等方面的共同影响，中国的自然资源管理体制经历了 20 世纪 80 年代以前的"大分散小集中"阶段、80 年代初至 90 年代末的分散与集中交织的过渡性阶段、90 年代末至 2008 年的大集中格局逐渐形成阶段、2008 年以来资源管理开始参与宏观调控的阶段。

中国资源管理体制改革远远不如预期，目前仍存在诸多与改革和发展方向不适应、多元利益不协调的问题，主要表现在公共管理与业主管理交织、部门管理与属地管理交织、计划管理与市场管理交织等方面[33]。资源管理体制存在的种种问题，阻碍着中国向生态文明迈进，究其原因在于资源统一管理尚未真正形成，资源管理的系统性问题仍然严重，公共资源管理方式欠妥，资源部门管理与属地管理之间的关系尚未理顺，部门分割、城乡分割的管理体制依然存在等。

4）现有机制下形成的资源价格不能真实反映资源的稀缺性、外部性等

合理的价格形成机制是引导资源有效配置的关键手段，价格机制不正常就不能形成合理的资源价格，必然导致资源利用不合理。中国资源各领域的价格形成机制有所不同，总体而言，以政府干预价格（政府指定价和政府指导价）为主、市场定价为辅，一些领域企业垄断定价的现象时有发生。

中国的资源价格形成机制主要存在以下问题：一是政府定价仍然比较普遍，一些资源价格长期处于低位，不能反映资源的真实价值，导致粗放式开发利用长期存在；二是全生命周期的成本核算价格没有得到很好推行，资源或资源性产品的各类价值形式的形成机制不健全；三是能源等价格存在脱节现象，导致传导机制不顺，品种间、上下游间价格矛盾突出，影响资源有效配置。

5）体制不顺、机制不活导致生态环境治理能力较弱

生态环境是公共产品，需要政府提供并得到公民的广泛参与。从目前情况看，政府的生态环境治理能力尚不能有效提供公共产品并保证其质量。中国生态环境治理面临的困难与治理主体（政府）相关，生态环境的治理体制、治理机制直接决定了治理能力不足，主要表现为：一是监管动力不足，由于缺乏激励约束相容的机制安排，地方政府主动监管动力不足，没有尽到法律意义上的责任。通常情况下，地方政府很难在经济增长与生态保护之间做出最优选择。二是监管能力不足，地方政府的人财物及技术力量不足是难以施行有效治理的因素之一。三是公众参与不足，广泛的利益表达机制、有效的监督机制和制衡机制还远未形成。总体上说，中央地方权责安排导致的生态环境治理的财政能力、执行能力不足造成

了生态环境治理能力不足，也形成了"重金山银山、轻绿水青山"的反向激励。从经济学与政治学角度看，信息不对称、权利不对称是造成中国体制不顺、机制不活的一个重要原因（表3）。

表3 中国生态环境治理的体制机制问题与根源简述[34]

| 问题描述 | 根源分析 |
| --- | --- |
| 治理"无动力" | 自上而下的政绩考核指标和体系，重数字增长轻全面发展 |
| 治理"无能力" | 财权与事权不匹配，地方政府进行公共治理的人财物力不足 |
| 治理"无压力" | 体制规定的责任只唯上不对下，权利与信息的双不对称 |

6）缺乏有效的具体政策——生态补偿机制尚未根本确立

生态补偿机制是通过市场手段实现生态保护的重要手段，虽然中国已取得积极进展，但涉及利益关系复杂，对规律认知水平有限，具体实施难度较大，还存在一些突出的矛盾和问题[35]。第一，生态补偿力度仍显不足，表现为补偿范围窄，补偿标准普遍偏低，补偿资金来源渠道和补偿方式单一。第二，配套的基础性制度建设有待完善，最重要的是产权制度不健全，部分省级主体功能区规划尚未发布，基础性工作和技术支撑性工作不到位。第三，保护者和受益者权责不明晰，落实不到位，对利益受损者的合理补偿不到位，地方政府的生态保护责任不到位，履行补偿义务的意识不到位。第四，多元化补偿方式尚未形成，横向补偿严重不足。第五，政府法规建设滞后，相关制度权威性、系统性、约束性、可执行性不强，对补偿过程缺乏监管，对补偿效果缺乏评价。

# 参 考 文 献

[1] 许洁明. 近代欧洲工业文明的兴起[M]. 昆明：云南人民出版社，1998.

[2] 肖璐，范明. 美国教育投资与经济增长：基于菲德模型的实证考察[J]. 中国科技论坛，2011，（12）：143-148.

[3] 于秀伟. 社会保险制度——工业化的产物[J]. 管理科学，2011，（34）：97 转 96.

[4] 许建萍，王友列，尹建龙. 英国泰晤士河污染治理的百年历程简论[J]. 赤峰学院学报（汉文哲学社会科学版），2013，（3）：15-16.

[5] 白韫雯，杨富强. 美国治理 $PM_{2.5}$ 污染的经验和教训[J]. 中国能源，2013，（4）：15-20.

[6] WMO. WMO statement on the status of the global climate in 2012[EB/OL]. http://reliefweb. int/report/world/wmo-statement-status-global-climate-2012，2013-05-02.

[7] 杜祥琬. 气候的深度——多哈归来的思考（上）[N]. 中国科学报，2013-02-06.

[8] IPCC. Climate change 2013：data，facts，background[EB/OL]. http://www.munichre.com/en/group/focus/climate-change/research/data-facts-background-2013/index.html?QUERYSTRING=climate，2014-03-01.

[9] Johansson T B，Nakicenovic N，Patwardhan A，et al. Global Energy Assessment：Toward a Sustainable Future[M]. New York：Cambridge University Press，2012.

[10] 赵准. 当代美国马克思主义经济学对资本主义失业问题的研究[J]. 当代经济研究，2008，（4）：17-21.

[11] 于海青. 当前美国学界围绕不平等问题的争论与思考[EB/OL]. http://www.qstheory.cn/hqwg/2014/201403/201402/t20140211_319548.htm，2014-02-11.

[12] 中国钢铁工业协会. 中国钢铁工业年鉴（2010）[M]. 北京：冶金工业出版社，2010.

[13] 国家统计局国民经济综合统计司. 新中国60年统计资料汇编[M]. 北京：中国统计出版社，2010.

[14] 国家统计局. 中国统计年鉴（2012）[M]. 北京：中国统计出版社，2012.

[15] 国家统计局. 第二次全国农业普查主要数据公报[EB/OL]. http://www.gov.cn/gzdt/2008-02/21/content_896096.htm，2008-02-21.

[16] 胡增亮，刘霞. 治理结构性失业的政府作为探析[J]. 东华理工大学学报（社会科学版），2013，（1）：30-35.

[17] 国家统计局. 中国统计年鉴（1996）[M]. 北京：中国统计出版社，1996.

[18] 郭锐. 农业产业化龙头上市公司分析[EB/OL]. 证券时报，http://business.sohu.com/68/62/article207066268.shtml，2003-03-13.

[19] 肖冬连. 中国二元社会结构形成的历史考察[J]. 中共党史研究，2005，（1）：13-18.

[20] 中国信息产业网. 全球移动用户数超60亿，新增固网宽带用户一半来自中国[EB/OL]. http://tech.xinmin.cn/tongxin/2012/08/15/15894874.html，2012-08-15.

[21] 河南商务之窗. 我国开通4.5万多个政府门户网站[EB/OL]. http://henan.mofcom.gov.cn/aarticle/sjshangwudt/200912/20091206655060.html，2009-12-06.

[22] 王勉，陆波岸. 袁隆平超级稻第四期示范片验收今年最高亩产达911.27公斤，平均亩产达879.9公斤[EB/OL]. http://disc.sci.gsfc.nasa.gov/Aura/overview/data-holdings/ OMI/index.shtml，2013-08-23.

[23] 国家林业局. 第八次全国森林资源清查结果公布[EB/OL]. http://www.forestry.gov.cn/main/72/content-659780.html，2014-02-26.

[24] 沈国舫. 中国的生态建设工程：概念、范畴和成就[J]. 林业经济，2007，（11）：3-6.

[25] 国家统计局. 中国环境统计年鉴（2011）[M]. 北京：中国统计出版社，2011.

[26] 中国汽车工业协会. 中国汽车工业年鉴（2015）[M]. 北京：中国统计出版社，2015.

[27] 国家统计局. 中国环境统计年鉴（2015）[M]. 北京：中国统计出版社，2015.

[28] 环境保护部. 中国环境统计年报（2012）[EB/OL]. http://zls.mep.gov.cn/hjtj/nb/2012tjnb/201312/t20131225_265556.htm，2013-12-25.

[29] 环境保护部. 中国环境状况公报[EB/OL]. http://jcs.mep.gov.cn/hjzl/zkgb/，2014-03-01.

[30] 吴舜泽，洪亚雄，王金南，等. 国家环境保护"十二五"规划基本思路研究报告[M]. 北京：中国环境科学出版社，2011.

[31] 环境保护部. 以生态文明建设为指导，积极探索中国环保新道路//朱之鑫，刘鹤. 中央"十二五"规划《建议》重大专项研究（第二册）[M]. 北京：党建读物出版社，2012.

[32] 张新宇. 生态危机的现实表现与直接原因[J]. 天津经济，2007，（7）：41-43.

[33] 国务院发展研究中心. 改革攻坚（上）——改革的重点领域与推进机制研究[M]. 北京：中国发展出版社，2013.

[34] 齐晔. 中国环境监管体制研究[M]. 上海：上海三联书店，2008.

[35] 徐绍史. 国务院关于生态补偿机制建设工作的报告[EB/OL]. http://www.npc.gov.cn/npc/xinwen/2013-04-26/content_1793568.htm，2013-04-26.

# 第三章 发展理念变迁与新的文明 形态的提出

伴随着经济发展，工业文明带来了一系列严重的生态环境问题，国际社会逐渐认识到了保护生态环境的重要性，各国也都对新的发展方式开展了诸多探索。与国际社会相同，中国在目前资源环境约束愈发紧迫、生态容量十分有限的现实条件下，正寻求一条既能保证经济增长和社会发展，又能维护生态良性循环的全新发展道路。

## 一、国际上发展理念的变迁和相关实践

审视发展理念变迁和生态治理模式实践，可持续发展和生态文明建设是全球背景下的必然发展模式。

### （一）纵向时间节点的发展理念变迁

从发展理念的纵向时间节点来看，20 世纪 60~70 年代第一次环境运动中，环境保护与经济发展是两个割裂的思想，学者较多地关注对各种环境问题的描述和渲染它们的严重影响，常常散发着对人类未来的悲观情绪甚至反对发展的消极意识，仅限于从技术层面讨论问题，就环境论环境，较少探究工业化运动以来的人类发展方式是否存在问题，其结果是对旧的工业文明发展理念的调整或补充。

20 世纪 90 年代以来第二次环境运动则要求将环境与发展进行整合性思考，重在探究环境问题产生的经济社会原因及在此基础上的解决途径，弘扬环境与发展双赢的积极态度，强调从技术到体制再到文化的全方位透视和多学科的研究。洞察到环境问题的病因藏匿于工业文明的发展理念和生活方式之中，要求从发展的机制上防止、堵截环境问题的发生，因此更崇尚人类文明的创新与变革。

国际上可持续发展概念的提出和深化如图 1 所示。可持续发展、绿色发展和低碳发展是三个不同层次的概念。可持续发展强调经济、社会、环境三者的协调发展，涵盖的范围最广；绿色发展强调经济发展和环境保护相协调，强调不能以

牺牲环境为代价换取经济增长；低碳发展更多的是从应对气候变化的角度出发，强调经济发展与碳排放脱钩，以较低的碳排放支持经济增长。国际上普遍将发展循环经济、提升能效、环保低碳产业等视为促进低碳发展的主要方式。

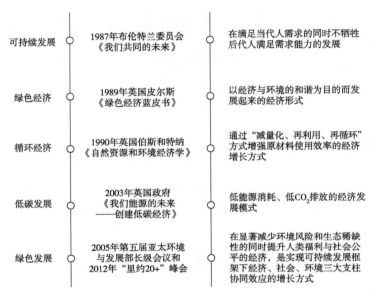

| | | |
|---|---|---|
| 可持续发展 | 1987年布伦特兰委员会《我们共同的未来》 | 在满足当代人需求的同时不牺牲后代人满足需求能力的发展 |
| 绿色经济 | 1989年英国皮尔斯《绿色经济蓝皮书》 | 以经济与环境的和谐为目的而发展起来的经济形式 |
| 循环经济 | 1990年英国伯斯和特纳《自然资源和环境经济学》 | 通过"减量化、再利用、再循环"方式增强原材料使用效率的经济增长方式 |
| 低碳发展 | 2003年英国政府《我们能源的未来——创建低碳经济》 | 低能源消耗、低$CO_2$排放的经济发展模式 |
| 绿色发展 | 2005年第五届亚太环境与发展部长级会议和2012年"里约20+"峰会 | 在显著减少环境风险和生态稀缺性的同时提升人类福利与社会公平的经济，是实现可持续发展框架下经济、社会、环境三大支柱协同效应的增长方式 |

图 1　发展理念的提出

## （二）生态治理模式和实践的横向比较

发达国家近两百年的工业化进程中出现了几类不同的生态环境治理模式和实践阶段，形成了英国的"先污染后治理"实践模式、美国的"边污染边治理"实践模式，以及北欧部分国家的"减污染早治理"实践模式。

### 1. 英国生态治理实践

作为首先开始工业革命的国家，英国于 1780~1880 年第一个百年间创造和积累了前所未有的巨大财富，但工业革命初期资本主义的逐利性和环保意识的缺乏使得企业最大限度地掠夺自然资源，并无限制向环境中排放废物，最终导致生态系统遭到了极大的破坏。

由于公众和社会反应的不断加剧，英国议会开始对环境问题进行调查，并在掌握大量数据事实的基础上开始了环境法律和条例的制定及实施，先后颁布了包括 1843 年控制制碱工业产生废气的《碱业法》、1847 年禁止污染公共用水的《河道法令》、1848 年规定将废水和废弃物集中处理及地方当局供应清洁卫生的饮用水的《公共卫生法》以及 1876 年的《河流污染防治条例》等。上述法律和条例的实施取得了一定成效，但仍未有效抑制环境的持续恶化。19 世纪中期，英国先后爆发了四次水污染事件，引起的霍乱导致数以万计的人丧生；1950 年前的 100 年中伦敦大约有十次大规模的烟雾事件；1952 年标志性的伦敦烟雾事件更是造成了 4 000 多人死亡。在煤炭能源的过度使用引发了一系列严重公害事件之后，英国于 1953 年通过《大气清洁法》，通过设立无烟区、严格规定燃料类别、禁止黑烟排放，加大推进能源的"降煤增油增气"战略，有效减轻了煤炭使用带来的一系列严重环境问题。在水资源方面，1960 年英国通过《清洁水法》，在原有《公共卫生法》《河流污染防治条例》相关法律基础上进一步强化水资源的保护，并在此后不断完善和形成系统的环境污染控制法律体系。

可以说，英国的环境治理开创了人类史上解决工业污染问题的先河。由于没有任何先例可循，英国的环境保护严重滞后于工业化，这导致英国的经济发展建立在环境代价基础上。也正是因为早期饱受严重生态环境破坏之苦，英国之后一直非常注重生态资源的保护，大力推进能源转型，在 2003 年《我们能源的未来——创建低碳经济》中第一次提出低碳经济的概念，并成为全球第一个将"应对气候变化"纳入法律的国家。

### 2. 美国生态治理实践

美国等发达国家于 19 世纪中下叶开始走上工业化、城镇化道路，在此过程中虽然仍不可避免对生态环境产生一定影响，但这一时期主要发达国家在经济发展达到阶段性水平的同时开展了与认知水平和技术发展水平相一致的生态治理，即"边污染边治理"的道路，并逐步形成系统的环保政策法规体系和技术、工程体系。代表国家为美国、日本、德国、法国等主要发达国家。

工业化帮助美国从一个农业国家变为工业强国，也使美国在 19 世纪中后期开始面临英国工业化进程中遇到的自然资源加剧破坏的问题。此时美国民间的环境运动开始兴起，在约翰·缪尔等美国最早一批自然保护者的极力倡导下，美国于 1872 年出台法令设立第一个国家公园，1890 年正式通过国家公园法案，并于 19 世纪末期 20 世纪初期设立了包括优胜美地、加利福尼亚州红杉国家公园等一大批国家公园和国家公园管理局，成功阻止了自然资源的进一步破坏。20 世纪上半叶，由于工业化进程中现代化农具的大规模应用和深耕制度的实行，北美大平原地区表土层遭受了严重破坏并引发草场退化，在 20 世纪 30 年代遭遇常年干旱和风沙侵蚀的条件下，爆发了大规模的黑色风暴（沙尘暴）事件。在意识到土壤保持的重要性后，美国议会于 1935 年批准通过《土壤保持法》，在农业部下建立水土保持局，开始有计划的水土保持工作，并逐步发展为小流域综合治理。但是，工业化带来的城市污染未能得到有效遏制，在 20 世纪中叶，以水污染、空气污染为代表的局域性环境污染物达到一个高峰水平。为解决严峻的环境污染问题，美国在1970年成立环境保护局，并在20世纪70年代集中颁布了《清洁水法》《清洁空气法》等一系列污染治理法案，对水污染施行严格的总量减排，并根据不同地区的空气质量要求制定了严格的标准，有效实现了区域性污染物的治理，并在后期创新性地通过排污权交易等市场手段有效推进了二氧化硫等污染物的低成本减排。

### 3. 北欧生态治理实践

与英国、美国、日本等发达国家不同，有少数欧洲国家在工业化、城镇化过程中有意识地将环境放在了极为重要的位置，一方面减少污染排放，根据认知水平及早治理发现的环境问题，另一方面发展污染低、技术密集型的产业以避免对环境的急剧破坏，取得了明显优于其他发达国家的成绩，代表国家为瑞士、丹麦等北欧国家。

瑞士风光秀丽但是资源能源十分贫乏，在工业化、城镇化过程中，瑞士极为注重利用自身优势，发展与自然条件紧密融合的产业，规避劣势，迅速发展，打造体量小、价值高、污染少的金融业、旅游业、精密机械制造业、精细化工等高端产业。因此，瑞士的第三产业极为发达，第三产业对GDP的贡献约为第二产业的2.5倍。另外，瑞士历来极为重视资源和环境的保护。早在19世纪下半叶，由于工业化发展的需要大量森林遭到砍伐，森林覆盖率迅速下降并导致洪水频发。瑞士各州在地方层面建立了森林保护相关法律，于1874年将山地森林保护写入宪法，并于1876年在联邦层面颁布第一部保护山地森林资源的《森林法》。在水资源保护和利用开发上，瑞士于1877年出台联邦层面的《水利工程法》，积极应对森林砍伐带来的洪水灾害。紧接着，1916年进一步颁布《水力资源开发法》，对水力资源的开发做出了详细规定。在洪水灾害得到控制、水力资源开发得到科学推进后，在1953~1991年瑞士着力推进水质保护，于1955年颁布了《水保护法》，并于1971年、1991年进行了修改，就工业、农业等领域的排污水平做出详细规定。瑞士同时非常注意资源的节约利用，其可利用水资源量是欧洲平均水平的3倍，但是取水量约为可利用水资源量的4.5%，人均取水量远低于OECD（Organization for Economic Co-operation and Development，即经济合作与发展组织）国家水平。1993年瑞士水污染控制相关的支出达到16.9亿瑞士法郎，光水污染一项支出便达到GDP的0.5%。在空气质量标准上，瑞士一直处于OECD国家中的领先位置。20世纪80年代以来，由于个人交通出行需求快速增长，交通排放带来的污染物也大幅增加。1985年瑞士率先于其他发达国家在《清洁空气法案》下出台了引擎排放标准并陆续优化和更新，成为欧洲汽车尾气排放标准最严格的国家。进一步，1993 年在全球范围内首次对机动车开征环保税，并在许多交通基础设施建设上都考虑了环境影响。

丹麦在发展低碳能源方面走在了世界的前列。作为世界上首先设立环境部的国家之一，丹麦于 20 世纪 70 年代石油危机之后就把发展低碳经济置于国家战略高度，在 1976 年建立丹麦能源署，其目的是解决国内能源安全问题。1980~2005 年，丹麦能源结构不断优化，石油和煤炭消费均减少了 36%左右，天然气消费增至 20%。此外，丹麦还着力发展可再生能源，意图将自己打造成"风能大国"。在 2005 年可再生能源比重超过 15%的基础上，丹麦设立了到 2030 年风能 50%、太阳能 15%、其他可再生能源 35%的雄心勃勃的目标，并力争在 2050~2070 年实现 100%可再生能源供给。在上述措施的综合作用下，近 30 年来丹麦经济增长了 45%，$CO_2$ 排放量却减少了 13%，成为少数实现经济增长和碳排放脱钩的发达国家之一。

中国仍将处于工业化和城镇化加速发展阶段，面对资源约束趋紧、环境污染严重、生态系统退化的严峻形势。在上述三种生态治理模式中，由于资源环境承载力的约束，中国已经没有继续排放污染的资本和条件，因此"减污染早治理"模式是优先选择的治理模式。我们要在此模式下，从源头上扭转生态环境恶化趋势，确保生态文明建设扎实展开，全面推进资源节约和环境保护。

## 二、中国发展理念的变迁与生态文明的提出

中国发展理念和生态约束表明，必须树立尊重自然、顺应自然、保护自然的生态文明理念，必须以深化改革和加快转变经济发展方式为着力点，把推动发展的立足点转到提高质量和效益上来。

### （一）中国发展理念的历史变迁

改革开放以来，随着中国对人与自然的关系的认识不断深化，中国政府先后提出了一系列解决资源、环境问题的战略思想，做出了一系列相关部署（图 2）。特别的，2005 年年底《国务院关于落实科学发展观加强环境保护的决定》提出：环境保护工作应该在科学发展观的统领下"依靠科技进步，发展循环经济，倡导生态文明，强化环境法治，完善监管体制，建立长效机制"；2007 年，党的十七大报告进一步明确提出了建设生态文明的新要求，并将到 2020 年成为生态环境良好的国家作为全面建设小康社会的重要要求之一；2010 年，党的十七届五中全会明确提出提高生态文明水平，大力推广绿色建筑、绿色经济、绿色矿业、绿色消费模式、政府绿色采购，同时，"绿色发展"被明确写入"十二五"规划并独立成篇，表明中国走绿色发展道路的决心和信心。

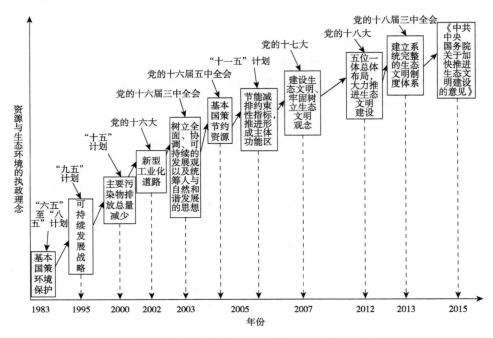

图 2　1983 年以来中国资源与环境问题的执政理念

　　2012 年，党的十八大报告中系统化、完整化、理论化地提出了生态文明的战略任务，特别提出"要把资源消耗、环境损害、生态效益纳入经济社会发展评价体系，建立体现生态文明要求的目标体系、考核办法、奖惩机制"，将生态文明建设纳入社会主义现代化建设"五位一体"总体布局。报告中还提出着力推进"绿色发展、循环发展、低碳发展"。习近平总书记提出"一切为了人民"[①]。这是党基于对当今世界出现的能源资源环境瓶颈约束、气候异常变化、经济社会发展不可持续等问题的科学分析，是党在领导人民建设中国特色社会主义实践中认识不断深化的结果，进一步丰富了科学发展观的内涵，标志着党对经济社会可持续发展规律、自然资源永续利用规律和生态环保规律的认识进入了新境界，发展理念上升到一个新的高度和深度。这一决策既能够赢得全国人民的拥护，使其更加积极主动地投入生态文明建设之中；又能够把中国人民与世界各国人民紧密连接在一起，共同保护地球生态系统，进一步体现发展中大国的责任意识和维护全球生态安全的高姿态。2013 年党的十八届三中全会提出，建设生态文明，必须建立系统完整的生态文明制度体系，实行最严格的源头保护制度、损害赔偿制度、责任追究制度，完善环境治理和生态修复制度，用制度保护生态环境。2014 年，党的

──────────

① 2016 年 4 月 15 日，在首个全民国家安全教育日到来之际，习近平作出重要指示。

十八届四中全会决定①指出，全面推进依法治国，用严格的法律制度保护生态环境，加快建立有效约束开发行为和促进绿色发展、循环发展、低碳发展的生态文明法律制度，强化生产者环境保护的法律责任，大幅度提高违法成本。2015 年，中共中央、国务院发布的《中共中央　国务院关于加快推进生态文明建设的意见》，是中央就生态文明建设做出全面专题部署的第一个文件，明确了生态文明建设的总体要求、目标愿景、重点任务和制度体系，提出了落实生态文明顶层设计和总体部署的时间表及路线图，措施任务更具体、更明确。

总之，生态文明与中国一贯倡导和追求的理念是一脉相承的，是对中国资源和生态环境问题的新概括与再升华。中国政府对经济社会发展观的变化，是对人类发展理念的重大贡献，符合全体中国人民的最长远利益，也是中国参与国际竞争的最大软实力。

## （二）生态约束要求走生态文明道路

中国当前已进入累积性环境污染健康危害的凸显期和环境健康事件的频发期，环境中污染物种类繁多、数量大，严重威胁人体健康，并深刻影响了人民生活质量的改善。同时，中国生态环境承载力非常有限，目前中国的发展已经迫近生态红线，现实环境和资源约束迫使我们走生态文明道路。

### 1. 环境容量十分有限

受长期粗放型增长方式驱动，中国主要污染物排放量迅速增长，超过环境容量，环境污染呈明显的结构型、压缩型、复合型特点，各类型污染事故频发，已经进入环境问题集中爆发阶段。大气质量方面，空气污染呈现由局地向区域蔓延、$PM_{2.5}$ 和臭氧等新型污染物影响显现、酸雨污染加重蔓延、有毒有害废气治理滞后等特点，区域环境空气质量不断恶化。按照新修订的环境空气质量标准评价，2015年，在全国 338 个地级以上城市中，有 78.4%的城市空气质量达不到国家二级标准，6 亿多人口生活在不达标的大气环境中。水环境方面，2014 年，全国地表水整体为轻度污染，地下水处于较差、极差级别的过半，有近 3 亿农村人口喝不上安全的饮用水，有 9 000 多万城镇人口集中饮用水源地不达标。生态环境方面，全国水土流失面积占国土总面积的 37%，荒漠化土地面积占国土总面积的 27%，全国 90%的草原出现退化。

与发达国家相比，中国人口相对密集，能源特别是煤炭消费强度过大，进一步限制了未来能源消费增长空间。据 IEA 统计，2011 年，中国煤炭消费总量达27.76 亿吨标准煤，占全世界的 50.5%，分别是美国、欧盟、日本的 4 倍、7 倍和

---

① 《中共中央关于全面推进依法治国若干重大问题的决定》。

18 倍。从单位国土面积煤炭消费量看，中国煤炭消费强度分别是美国、欧盟的 4.0 倍、3.1 倍。如果考虑到中国的人口主要集中在中东部地区，一些城市密集地区实际的煤炭消费强度更高。例如，京津冀地区单位国土面积煤炭消费量明显高于全国平均水平，北京、天津、河北单位国土面积煤炭消费量分别是全国平均水平的 4.0 倍、13.1 倍和 4.6 倍，邢台等个别城市单位国土面积煤炭消费量甚至是全国平均水平的数百倍。在大力治理雾霾、加快生态文明建设背景下，中国面临的生态环境约束更加严峻，实际的煤炭消费增长空间非常有限。

### 2. 资源环境约束加剧

首先，资源是经济社会发展的物质基础，要实现 13 亿人口的全面小康，对资源的需求是巨大的。但中国资源禀赋先天不足，石油、天然气、煤炭、淡水、耕地等战略性资源人均占有量只有世界平均水平的 7%、7%、67%、28%、43%左右，对中国发展形成严重制约。特别是能源，2015 年中国能源消费总量达 43 亿吨标准煤，煤炭消费量占能源消费总量的 64%，石油对外依存度首次突破 60%。同时，中国发展方式粗放、资源利用效率不高、各种浪费现象严重。2015 年，中国 GDP 约占世界的 15.5%，但消耗了全球约 50%的煤炭、57%的水泥。随着工业化、城镇化快速发展，能源资源供需矛盾将更加突出。

其次，良好的生态环境是时代和社会进步的新要求，是人民群众的新期盼。中国环境污染问题仍然严峻，空气质量较差，2014 年年初出现的大范围、长时间严重雾霾，覆盖了 167 万平方千米，影响到 6.6 亿人口。饮用安全受到威胁，许多人饮用水不达标。一些重点流域、近海海域水污染及湖泊富营养化严重，重金属污染、草原退化、水土流失、土地沙化、石漠化等问题突出。这些问题给人民群众身体健康和生活质量带来损害，甚至引发群体性事件。

只有以生态文明建设为抓手，转变发展方式，推动资源利用由粗放向集约高效循环转变，才能使有限的资源发挥最大的效果，破解资源环境瓶颈约束，为全面建成小康社会提供物质支撑；只有践行以人为本、执政为民，加快推进生态文明建设，推动生态环境由"先污染后治理""先破坏后修复"向保护优先、自然恢复为主转变，才能建成美丽中国。

## （三）生态文明的概念和内涵

工业文明是以工业化为重要标志、机械化大生产占主导地位的一种现代社会文明状态。工业文明的理论基础是市场经济，以在资源紧缺情况下的供求变化为基础，最大缺陷是对地球资源的急剧消耗与加速污染。与工业文明不同，生态文明强调人类要约束自己的行为，从不顾环境、片面地追求发展，到不触碰生态红线、充分考虑资源环境约束下的发展。

按照人类文明形态的演变进程，国内外不同学者对生态文明进行了定义，从不同角度给出了见解，大致有以下几个方面。

### 1. 生态文明不同角度的理解

从广义的角度，生态文明是人类的一个发展阶段。这种观点认为，人类至今已经历了原始文明、农业文明、工业文明三个阶段，在对自身发展与自然关系深刻反思的基础上，人类即将迈入生态文明阶段。从狭义的角度，生态文明是社会文明的一个方面。生态文明是继物质文明、精神文明、政治文明之后的第四种文明。物质文明、精神文明、政治文明与生态文明这"四个文明"一起，共同支撑和谐社会体系。

### 2. 生态文明是一种发展理念

生态文明与"野蛮"相对，是指在工业文明已经取得成果的基础上，用更文明的态度对待自然，拒绝对大自然进行野蛮与粗暴的掠夺，积极建设和认真保护良好的生态环境，改善与优化人与自然的关系，从而实现经济社会可持续发展的长远目标。

从发展历程来看，生态文明是继原始文明、农业文明、工业文明之后的一种新的文明形态；从与其他文明形态的区别来看，生态文明是相对于高能耗、高消耗，污染和生态破坏严重的工业文明而言的，它强调高效率、高科技、低消耗、低污染、整体协调、循环再生与健康持续（图 3）。生态文明理念的实质是将生态环境作为人类持续健康发展的基础，任何超出生态承载力的发展，都将带来不良甚至是严重的后果。

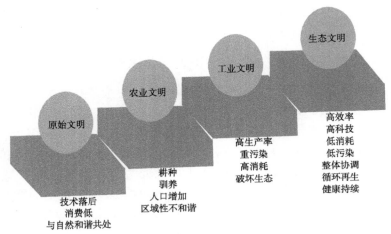

图 3　生态文明与其他文明形态的比较

　　总体来说，生态文明是人类为保护和建设美好生态环境而取得的物质成果、精神成果和制度成果的总和，是贯穿于经济建设、政治建设、文化建设、社会建设全过程和各方面的系统工程，反映了一个社会的文明进步状态，以及人类对经济发展和生态环境辩证关系的思考。

　　生态文明建设是关系中国发展全局的战略抉择，建设生态文明，要以把握自然规律、尊重自然为前提，以人与自然、环境与经济、人与社会和谐共生为宗旨，必须以深化改革和加快转变经济发展方式为着力点，把推动发展的立足点转到提高质量和效益上来。

## 三、转变发展方式与建设生态文明

### （一）建设生态文明与转变发展方式的一致性

　　转变发展方式与建设生态文明之间存在着内在的密切联系。在科学发展理念和永续发展战略目标的统筹下，转变发展方式与建设生态文明二者之间是辩证统一、有机结合的关系，是互为因果、相辅相成的。一方面，二者所体现的基本精神是一致的，都体现了科学发展、可持续发展的精神实质；二者的方向和目的也是一致的，都是为了实现人类、自然、经济、社会的协调统一，实现永续发展。另一方面，二者在手段和措施上也基本是一致的，建设生态文明就是要将转变发展方式放在突出位置，如以优化经济（产业）结构来减轻资源和环境的压力，从源头上遏制对自然的过度索取和对生态的破坏。此外，二者在基本特征上具有一致性，目前中国的发展方式是以破坏资源、牺牲环境为代价的，这与节约资源、保护环境的生态文明理念背道而驰，而生态文明建设就是要走一条符合国情的可持续发展道路，具有低投入、低消耗、低排放、可循环、高效益、可持续的特点，而这也是新的发展方式的基本特征。

### （二）建设生态文明指引和促进发展方式转变

　　首先，生态文明建设将指引发展方式的转变，通过变革经济领域的产业结构、生产方式、消费模式、贸易方式，转变精神领域人的世界观、价值观，创新社会管理方式，多层次、多角度地实现其对经济发展方式的指引作用。其次，生态文明建设也会促进新兴产业、环保产业、低碳产业和绿色产业等生态产业的发展，加快现代产业新体系的构建，从而引导产业向低碳化、可持续化发展。与此同时，生态文明建设还将促进新经济增长点形成，通过对生态环境的整治和优化、新型能源及资源利用、农村环境基础设施等项目的开发，促进经济发展的同时保护生态环境。

生态文明建设需要采取与之相适应的发展方式，要求以积极推动全面、协调、可持续发展，注重人类与自然、经济、社会的协调发展为基本方向，不仅要在数量上实现经济增长，更要注重经济质量改善和效益提高，不仅注重经济指标的单项增长，注重经济、社会的综合协调发展，更注重在生态承载力范围内实现全面发展。因此，要转变传统的、粗放型增长的、通常只重数量增长的、不可持续的、旧的发展方式，将以往经济增长与生态环境保护脱节甚至对立的发展方式转变过来，在未来发展中正确处理好经济增长速度与提高发展质量的关系，处理好追求当前利益与谋划长远发展的关系，其中包括对经济结构、制度结构、资源结构、生态结构和环境结构等的改进与转变。可以说，这种改进与转变也是生态文明建设的重要内容。

### （三）转变发展方式是建设生态文明的重要途径

加快转变经济发展方式才能确保资源支撑，才能确保经济社会发展中人对自然的索取和对生态的影响不突破生态承载力。新的发展方式"不以 GDP 论英雄"，要求经济发展要立足于改善质量和提高效益，要求从粗放增长转变为集约节约增长，从主要依靠物质资源的消耗转向主要依靠科技进步、劳动者素质提高和管理创新，让生态农业、低碳工业和现代服务业得到充分发展，绿色经济、循环经济、低碳经济所占比重不断扩大，减少对资源的依赖和对生态环境的影响。只有转变为这样的发展方式，才能真正实现资源节约、环境友好、人与自然和谐相处的生态文明的建设要求。可以说，发展方式转变到什么程度，生态文明建设水平才会提高到什么层次。因此，转变发展方式是建设生态文明的重要途径。

## 四、转变发展方式与推动能源革命

### （一）以转变发展方式推动能源革命

中国已经形成了能耗总量大、高碳低效、粗放、污染型的能源体系。旧的发展方式及体制机制障碍是中国实现能源革命的重大挑战，只有加快转变发展方式，才能实现中国的能源革命，从而促进中国能源体系向低碳、高效、安全、清洁的现代能源体系转变。

中国在通过转变发展方式实现能源革命方面，目前面临着良好的机遇。一是城镇化率在未来 20~30 年应该还有 20 个百分点以上的增长空间；二是产业升级达到当前发达国家的水平还将有 30%~70%的提升空间；三是消费升级收入倍增规划的实施将有助于提高消费比重、转变经济结构；四是更大程度、更高质量地融入全球分工体系，参与国际能源合作的机会增加；五是新能源、互联网等领域已表现出巨大的创新潜能。

转变发展方式是推动能源革命的重要途径，而其推动力具有以下几点：一是制度创新与体制变革是重要基础和保障，制度创新将有利于能源结构优化，有利于形成高效的能源管理制度与合理的能源价值链规则；二是文化体制改革可为合理的能源消费提供思想与理念保障，可为能源消费革命打好群众基础并提供精神动力；三是科技体制改革与创新将建设创新型国家，可为能源革命提供可靠的技术支撑；四是生态文明建设可为能源革命提供良好的外部环境。

## （二）转变能源发展方式的主线

转变能源发展方式是"十二五"和未来十年能源发展的主线，针对中国目前的经济社会发展和能源供需形势来说就是要实现"以科学的供给满足合理的消费"。转变能源发展方式需要解决以下重点问题：一是能源消费总量是多少，具体来说是如何在保障经济社会发展的前提下实现能源消费最小化，以及科学、合理、小康水平的人均能源消费水平应该达到何种程度；二是能源供给结构如何调整，具体来说是如何实现清洁化、低碳化目标，以及如何实现能源供应侧的结构优化；三是能源科技的进步，具体来说是如何立足中国国情，紧跟国际能源技术革命新趋势，以绿色低碳为方向，带动产业升级；四是如何推动能源体制和机制改革，具体来说是在能源领域发挥市场的决定性作用，同时更好地发挥政府作用；五是如何在国际能源治理中处于有利地位或是地区领导地位，具体来说是在国际能源格局中如何利用好国外资源、国外市场，中国如何在国际能源舞台中发挥更大的作用并提高话语权，如何通过外交、军事、政治、经济、科技等手段保障中国的能源供给安全。

# 第四章  能源革命的发展方向

能源是人类活动的物质基础，为人类的生产、生活提供了动力，是文明发展的先决条件，对人类文明的演变和发展起到了至关重要的作用。化石能源生产消费的高速增长驱动了人类工业文明的出现，为人类带来前所未有的经济繁荣的同时也使环境污染和气候变化等问题日益严峻，使人类发展面临"黑色困惑"。可持续发展要求实现工业文明向生态文明的转变，而这一转变也伴随着能源生产和消费的可持续转变。

## 一、能源革命与生态文明的关系

能源是人类社会存在和运行的重要物质基础，在人类文明发展历史上，原始文明、农业文明、工业文明的发展演变，往往伴随着能源生产和利用方式的根本性变化。特别是进入工业化阶段以来，以蒸汽机、电力的发明应用为主要标志的工业文明，极大地促进了化石能源的开发利用，从根本上改变了人类生产和生活形态。但同时，大规模开发利用化石能源带来了严峻的资源、环境和生态危机，人类发展亟待从工业文明阶段尽快发展到生态文明阶段。作为全球最大的发展中国家，中国在世界上第一个明确提出把生态文明建设作为国家战略，这是一场不亚于改革开放的新的伟大革命，在人类发展历史上具有重要开创意义。

### （一）能源革命在生态文明建设中居于核心地位

能源是经济社会发展最重要的基础原材料，能源开发利用水平是一国经济社会发展水平、资源产出效率、综合国力和竞争力的重要标志，其生产、消费全过程直接和间接对生态环境带来重大影响。长期依赖粗放型能源发展方式，不仅是造成中国大气、水、土地等生态环境水平严重破坏的直接原因，也是造成中国经济发展方式粗放、质量效益低下的重要因素。在新的国内外形势下，中国传统能源发展方式已经到了加快变革的关键阶段。

党的十八大提出建设生态文明，并将其融入经济建设、政治建设、文化建设、社会建设各方面和全过程，既是着眼于从根本上解决中国面临的资源、环境、生态等问题，更是把推动能源生产和消费革命作为生态文明建设的重要杠杆及抓手，有利于促进中国发展方式、增长质量、生态环境水平实现根本性改善。在推动生态文明建设过程中，促进国土功能布局合理优化、大幅提高资源利用效率、改善生态环境质量等各个方面，都涉及了能源生产消费总量、结构、技术、布局的根本性变化。推动能源生产和消费革命，将对中国加快建设生态文明发挥重要的基础性作用。

## （二）生态文明建设对能源革命提出了更高要求

与发达国家相比，中国人口众多、人均资源相对不足、能源资源禀赋较差、生态环境比较脆弱，经济社会发展水平普遍较低。虽然从整体上看，中国已经步入工业化中后期发展阶段，但还有很多地区处于工业化初期和前期发展阶段，并且工业化水平与发达国家相比存在明显差距。在建设生态文明背景下，为实现"三步走"战略目标、建设美丽中国和中华民族永续发展目标，中国能源发展面临前所未有的压力与挑战。

以应对雾霾问题为例，在经济社会加快发展、能源消费持续上升背景下，要达到新的空气质量改善目标，意味着全国主要污染物排放总量要削减70%~80%。如果以单位国土面积煤炭消费量衡量，要达到目前美国、欧盟水平，中国京津冀等地区煤炭消费总量要削减90%以上。在当前煤炭产能普遍过剩、能源和电力消费增速放缓的情况下，既要保障未来经济社会发展的合理能源需求增长，又要进一步全面推进生态文明建设，中国能源发展将面临总量控制、结构调整、技术升级、优化布局等多重压力。

在2015年5月发布的《中共中央　国务院关于加快推进生态文明建设的意见》中，中共中央、国务院进一步明确了对能源革命的要求：能源生产方面，提出调整能源结构，推动传统能源安全绿色开发和清洁低碳利用，发展清洁能源、可再生能源，不断提高非化石能源在能源消费结构中的比重。推进生物质发电、生物质能源、沼气、地热、浅层地温能、海洋能等应用，发展分布式能源，建设智能电网，完善运行管理体系。能源消费方面，提出发挥节能与减排的协同促进作用，全面推动重点领域节能减排。提出通过强化结构、工程、管理减排，继续削减主要污染物排放总量。制度保障方面，提出加强重大科学技术问题研究，开展能源节约、资源循环利用、新能源开发、污染治理、生态修复等领域关键技术攻关；合理设定"天花板"，加强能源的战略性资源管控，强化能源消耗强度控制，做好能源消费总量管理。

## 二、全球新的能源革命的发展方向

在人类社会的历史发展过程中，之前每一次能源革命和随之而来的文明过渡均是自然而然发生的。然而当前能源、环境和气候面临的紧迫形势决定了人类不能再任由能源与经济粗放式增长，而应着力解决当前经济社会的可持续发展问题，这不仅需要先进的技术措施实现能源生产与供应的清洁化、低碳化，更需要依靠发展理念的巨大转变来扭转人类的生活方式、生产方式、发展方式，从而根本扭转能源的消费模式。

### （一）全球对新的能源革命的已有探索与实践

#### 1. 全球能源生产与供应体系的清洁化基本完成

伴随工业化、城镇化的发展，人与自然的关系不断紧张。人类改造自然的能力以及占用自然资源的能力空前提高，生活范围不断扩大，人类寿命延长，人口数量大幅增加，对大自然展开了空前规模的征服运动，以掠夺方式开发利用自然资源，形成了"人类中心主义"。资源能源的大量开采以及能源使用过程中的污染物排放导致了对自然的更大破坏，出现了诸如 1943 年洛杉矶光化学烟雾、1952 年伦敦烟雾事件、1953~1956 年日本水俣病等一系列环境污染和环境公害问题。

世界主要发达国家自 20 世纪 40 年代起，已经意识到能源消费发展带来的环境问题，尤其是伦敦雾霾天气造成上万人死亡之后，更加认识到控制煤炭消费和环境保护的重要意义，开始了能源清洁化的进程，煤炭和生物质等传统固体能源在一次能源中的占比显著下降，到 60 年代初即基本完成了煤炭时代向油气时代的过渡，基本上解决了困扰发达国家多年的煤烟型污染问题。尽管煤、油、气三类化石能源仍是主要一次能源，但其化石能源的清洁化水平大幅提升。例如，英国于 1952 年伦敦烟雾事件后，出台了《伦敦城法案》、颁布并修订了《大气清洁法》、出台了《空气污染控制法》，这些措施有效地减少了燃煤产生的烟尘和二氧化硫污染。1943 年的洛杉矶光化学污染事件催生了美国《清洁空气法》的颁布，并加快了美国排放许可制度、严格的环境标准、环境交易市场等制度的出台，经过近40 年的时间，美国有效改善了化石能源燃烧带来的环境问题，尽管洛杉矶的人口增长了 3 倍、机动车增长了 4 倍多，但该地区发布健康警告的天数却从 1977 年的 184 天下降到了 2004 年的 4 天。

### 2. 全球能源系统的低碳化过程正在进行中

20 世纪 70 年代接连发生的第一次石油危机和第二次石油危机，引发了世界能源市场长远的结构性变化。欧盟等发达国家及地区在大力开发节能技术的基础上积极寻找替代能源，主导了以低碳化为特征的新的能源革命。例如，欧盟，特别是丹麦、德国积累了丰富的低碳发展经验，欧盟大多数国家出现碳排放零增长，乃至负增长。

其中，欧盟继 1997 年提出 2050 年把可再生能源的比例提高到 50% 的发展目标后，2011 年又出台规划，提出到 2050 年将欧盟温室气体排放量在 1990 年的基础上减少 80% 到 95%；英国通过开发北海油气、改革电力市场、取消煤炭补贴等一系列举措，完成了一次能源消费从煤炭向天然气主导的转变；法国大力发展核能，核电占一次能源的比例从 1973 年的 2% 迅速提高到 1985 年的 19%，2010 年其核能发电量占总发电量的比重超过 75%；德国注重提高建筑、工业、交通等领域的能效，并采取多种措施推动可再生能源使用，2011 年可再生能源占总发电量的比重达 20%；丹麦提出了能源来源多元化的战略，充分重视温室气体减排，并着力于提高能效和发展可再生能源，从 1972 年石油在能源消费中的比例高达 93%，到 2005 年即实现可再生能源发电比例达到 30%，占热力供应的比例达到 45%。

从全球来看，近年来可再生能源迅速发展。1996~2010 年，太阳能发电的装机量增长了 56 倍，风能装机量增长了 31 倍。欧洲和世界自然基金会（World Wide Fund，WWF）甚至提出到 2050 年实现近 100% 可再生能源的方案。

各国在推动能源革命的过程中，大力推动技术创新，催生了一批适应于清洁、低碳要求的新的低碳能源技术和能源高效利用技术，如新兴发电技术、新兴核电技术、页岩气技术和碳捕获及封存（carbon capture and storage，CCS）技术等。这些新的能源技术的发展和应用，给新的能源革命奠定了良好基础。

## （二）全球新的能源革命的方向

未来的全球能源革命需要新的能源安全观：一是能源供应安全观，建立多品种、多渠道、多种投资主体和多种供应模式的多元化的能源供应体系；二是能源消费安全观，即转变供需模式、坚决抑制不合理需求，杜绝浪费型消费，把能源消费总量控制在合理的水平上；三是能源环境安全观，严格控制能源的生产和消费过程中的污染物排放，最大限度地控制能源生产和消费过程中的环境负面影响，尤其是将影响人民身心健康的环境问题降低到最小；四是能源技术安全观，提高技术创新能力，占领未来能源科技的制高点，否则会影响国家能源安全。未来的能源革命将涵盖以下几个方面：

在能源消费方面，提高工业、交通、建筑三个社会基础部门的终端能源效率，如在建筑领域采用墙体隔热设计、建筑节能设计、高效的电器和终端设备、可再生能源供热，在交通领域开展客运和货运车辆的可再生能源燃料替代。

在能源生产方面，对于一次能源生产，应大力发展包括水电、风电、太阳能、生物质能等可再生能源，推动核电安全发展。发展能源开采与勘探技术，提高化石能源开采水平及地球物理勘探水平，尤其是扩大天然气的供应水平。对于二次能源生产，为提高燃料使用效率并减少能源传输过程损失，应大力发展分布式能源系统，增加热电联产系统的使用。在供热方面，大力发展可再生能源供热，广泛采用地源热泵、空气源热泵、太阳能供热及生物质能供热。为保障以上改变的发生，未来还将开展电力需求侧管理、优化供应端的发电调度管理、发展储能技术、虚拟发电厂技术等。

在先进能源技术方面，一是能源的清洁化和低碳化技术，提供人人可付得起的可再生能源供应；二是高效电力传输技术，实现本地化和国际化、分散化与网络化结合的革命；三是包括电动车等使用的小型电池和楼宇、电网备用的大规模储能系统等廉价安全的能源存储技术；四是高效能源利用技术，实现建筑、交通、工业和日用消费品用能模式的革命。

## 三、中国能源发展的主要特征和能源发展战略的演变

### （一）中国能源发展的主要特征

改革开放30多年来，中国走完了西方大多数国家200多年的工业化历程，随之带来的是能源消费总量持续快速增长，使得中国从2010年起成为世界能源消费第一大国。1981~2015年中国能源消费总量（以标准煤计）从5.9亿吨增长到43.0亿吨。其中，1981~2000年的能源消费总量增长了8.75亿吨标准煤（图1），中国能源和经济发展出现了脱钩的良好局面，即能源消费总量2000年比1980年翻了一番，保证了GDP 2000年比1980年翻了两番，实现了"一番保两番"的世界奇迹。

然而，进入21世纪以来，2000~2015年15年能源消费总量增长了28.3亿吨标准煤，增长超过了规划速度。2006年，全国能源消费总量达到28.6亿吨标准煤，超过2010年的27亿吨标准煤的规划控制目标，2007年超过了30亿吨标准煤。2012年的能源消费量达到40.2亿吨标准煤，已超过了2015年将能源消费控制在40亿吨的目标。

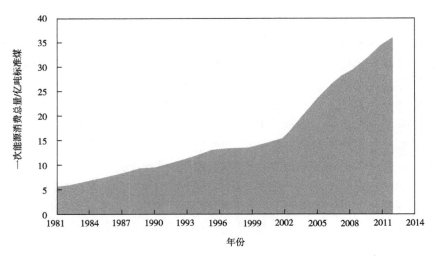

图 1　1981~2012 年中国一次能源消费总量

除能源总量快速增长外，中国能源消费长期以煤为主的特征明显，是世界上唯一以煤为主的能源消费大国，从 1981 年到 2012 年，中国的煤炭消费一直维持在一次能源消费总量的 70%左右。1981~2012 年累计煤炭消费量增长为 34 亿吨，占同期全球累计增长的 81%[1]。从单位土地面积的用煤量来看，中国 2011 年为 326 克标准煤/米²土地[2]，是 2011 年美国 88 克标准煤/米²土地的 3.7 倍，超过世界平均水平（28 克标准煤/米²土地）10 倍，而中国华北地区的北京、天津、河北、山西、山东五省（市）平均单位面积煤炭使用量高达 1 762 克标准煤/米²土地[3]，东南沿海的上海、江苏、浙江、福建、广东五省（市）平均单位面积煤炭使用量高达 1 479 克标准煤/米²土地。表 1 显示了中国各省（自治区、直辖市）的单位土地面积煤炭使用量。

表 1　各省（自治区、直辖市）煤炭消费情况（单位：克标准煤/米²）

| 省（区、市） | 煤炭消费 | 省（区、市） | 煤炭消费 |
| --- | --- | --- | --- |
| 上海 | 6 920 | 辽宁 | 871 |
| 天津 | 3 158 | 宁夏 | 855 |
| 江苏 | 1 905 | 安徽 | 744 |
| 山东 | 1 771 | 广东 | 733 |
| 山西 | 1 526 | 重庆 | 623 |
| 河南 | 1 214 | 湖北 | 607 |
| 河北 | 1 170 | 福建 | 502 |
| 浙江 | 1 037 | 贵州 | 490 |
| 北京 | 1 030 | 陕西 | 462 |

续表

| 省（区、市） | 煤炭消费 | 省（区、市） | 煤炭消费 |
|---|---|---|---|
| 湖南 | 439 | 云南 | 175 |
| 吉林 | 421 | 四川 | 168 |
| 江西 | 299 | 海南 | 166 |
| 广西 | 213 | 甘肃 | 106 |
| 内蒙古 | 209 | 新疆 | 42 |
| 黑龙江 | 199 | 青海 | 15 |

注：数据不包括西藏和港澳台地区

资料来源：煤炭消费数据来自《中国统计年鉴（2013）》；各省（区、市）的面积数据来自中国政府网，http://www. gov.cn/test/2005-06/15/content_18253.htm

### （二）中国能源发展战略的演变

回顾中国发展历史，在不同经济发展阶段、针对不同具体问题，相应能源与节能战略的侧重点并不相同。在相当长时期，中国能源战略侧重生产侧，强调扩大生产、保障能源供应；节能战略侧重消费侧，强调节约能源、提高能效。能源生产与消费战略一直呈割裂状态，能源发展与经济社会发展的关系只是简单的单向支撑、保障关系。从具体历程来看，能源战略的演变可分为三个阶段。

第一个阶段是计划经济时期，由于煤炭、石油、电力等长期供应不足，并且由国家计划组织生产和分配，能源政策的重点是加快产能建设，保障可靠供应。节能政策的重点是缓解供应短缺，主要采取计划定额管理、开展群众运动、组织宣传教育等方式，付出的社会成本代价巨大，但对技术进步的实际推动作用并不显著。

第二个阶段是1978年以后，中国确定了"以经济建设为中心"的发展方针，能源短缺成为普遍现象。为缓和电力、燃料等能源供应紧张局面，中国制定了"开发与节约并重，近期把节约放在优先地位"的指导方针，在继续加快发展能源工业的同时，开始把节能纳入国民经济规划，成立了专门机构，并组织开展了一系列政策行动。

20世纪90年代，随着社会主义市场经济体制逐步建立，中国能源与节能发展开始探索基于法治和市场的手段，价格、财税、标准等市场机制逐渐应用。同时，伴随经济社会发展，生态环境保护问题日益得到重视，节能与提高能效、优化能源结构、保护生态环境开始成为能源、节能战略与政策制定的重要考虑。

中国通过改革开放20余年的发展，在2000年制定2020年全面建设小康社会的能源发展规划的过程中，发展理念更加清晰、产业体系更加完善、基础设施更加完备、思想观念更加先进，尤其是提出了"建设资源节约型、环境友好型社会"

和坚持"走新型工业化道路"，借鉴 1980~2000 年的经验，中国在 21 世纪最初 20 年，也有能力延续 1980~2000 年的势头，实现能源与经济关系"一番保两番"目标。所以 2004 年发布的《能源中长期发展规划纲要（2004~2020 年）》对能源需求总量提出了约束性目标，即 2020 年能源消费总量不超过 24 亿吨标准煤。电力行业超前发展，2020 年实现发电装机 9.6 亿千瓦，是 2000 年的 4 倍。

第三个阶段是进入 21 世纪以来，中国面临能源消费高速增长、资源环境约束不断加剧的紧张状况。"十五"和"十一五"的发展轨迹，完全脱离了人们的预判。在这种背景下，2006 年，中国首次把"资源节约"与"环境保护"作为基本国策纳入国民经济和社会发展规划，把"节能优先"作为能源战略首要原则，提出加快建设资源节约型和环境友好型社会，并制定了具体的约束性节能减排目标任务，通过实施严格的目标责任制度，确保各项目标、政策逐级分解落实到地方政府、重点用能企业等。

2012 年，党的十八大提出推进生态文明建设，并在中共十八届三中、四中全会决定和《中共中央　国务院关于加快推进生态文明建设的意见》中将其逐步深化，从人类文明发展高度，对中国空间布局、产业结构、生产方式、生活方式提出更高的任务要求。能源与节能发展的目标，一方面，是继续应对传统的环境问题、资源危机、气候变化、能源安全等挑战；另一方面，是在新的形势下，发挥引导和倒逼作用，促进中国发展方式实现根本性转变。从这个意义看，推动能源生产和消费革命，不仅是能源生产利用方式的重大变革，更是中国发展理念、发展方式、消费文化的根本性变革。

2015 年中国能源消费总量达到 43.0 亿吨标准煤，面对"十五"、"十一五"和"十二五"的局面，社会各界对 2020 年控制在 50 亿吨标准煤信心不足是理所当然的。然而，现实局面是，即使 2020 年 GDP 与 2000 年相比翻两番的目标能够实现，21 世纪前 20 年中国经济的能源总体效率也仅仅是 20 世纪最后 20 年的 1/2。20 世纪最后的 20 年和 21 世纪最初十几年的经验教训表明，控制能源消费总量是遏制能源消费过快增长的根本措施。然而，空洞的口号和单纯的技术指标可能导致我们被取得的众多技术指标的快速进步、一项项节能工程的竣工及一个个节能项目的达标等一场场胜利冲昏头脑，也会陶醉在单位 GDP 能源强度指标全面完成的胜利之中。十年过后，我们也许还不一定能够认识到，在节能减排这场旷日持久的战争中，"我们几乎打赢了每一场战役的胜利，但是我们实际上是不是已经输掉了节能环保的整个战争？"

除了环境约束外，应对气候变化形势也是对中国能源战略的重要约束。正如习近平主席指出的，应对气候变化是中国可持续发展的内在要求，也是负责任大国应尽的国际义务，这不是别人要我们做，而是我们自己要做。2009 年温家宝总理承诺中国到 2020 年单位 GDP $CO_2$ 排放比 2005 年下降 40%~45%；2014 年 11 月，中美两国发表了应对气候变化联合声明，中国提出，计划 2030 年左右 $CO_2$ 排放达到峰值且将努力早日达峰，并计划到 2030 年非化石能源占一次能源消费比重提高到 20%左右，同时承诺继续努力并随时间而提高力度。

### （三）中国能源革命的战略思想

能源是经济和社会发展的基础。安全、清洁、低碳和可支付的能源供给是当今各国能源体系建设的基本目标。长期以来，满足经济社会的高速发展对能源的需求始终是中国能源体系建设的根本任务和目标。在以粗放供给满足不断增长的能源需求的过程中忽略了资源约束、环境破坏和能源安全等基本限制，危及能源及经济社会的可持续发展。中国能源革命最根本的就是把能源发展基本理念转向"以科学的供给满足合理的消费"。

第一，要严格控制能源消费总量。在经济生产和居民生活两方面把减少能源消费量、提高能源效率、限制高能耗产业、节制奢侈消费作为国家战略和政策目标。造就一个满足资源节约、环境友好、生态保护和供给安全要求的、合理的能源消费模式。

第二，在能源供给方面，构建以可再生能源、核能和天然气为主体的能源供应体系，减少对煤炭和石油的依赖，逐步过渡到以非化石能源成为主导的能源体系。充分利用国际国内两个资源、两个市场，创建新型的全球能源治理体系，保障能源供给、改善能源结构、稳定能源价格、提高能源治理，使中国能源供给在全球范围内得以优化。在此基础上推进中国能源开发和生产。

第三，在确定能源消费总量时，除了传统能源需求和供给的约束，全面考量资源、环境和气候等因素，使之成为规划能源消费的基本约束，给经济的发展带上环境、气候变化和能源供应的三方面重要约束。

清洁化、低碳化和高效化是能源生产与消费革命的方向。化石能源的清洁利用对降低污染排放、改善人类生态环境至关重要，却无法彻底解决碳排放问题。上述措施可"短期治标"，要"长期治本"必须严格控制煤炭在能源结构中的比例，即"革煤炭的命"，使非化石能源上升成为未来的支柱能源。另外，以核能和可再生能源为代表的非化石能源碳排放很低或几近于零，但从安全性、经济性等方面还必须经历较长的推广应用阶段。考虑到中国的资源禀赋和外部环境，以化石能源为主特别是以煤为主的能源结构在短期内仍无法根本改变，能源结构的低碳化仍需经历较长的从量变到质变的发展阶段。在此背景下，控制能源消费总量，特别是控制煤炭和石油的消费总量，应该成为能源生产和消费领域的重要抓手。依据这个大的原则和方向，厘清中国能源生产和消费革命的基本思路及发展战略十分必要。

从宏观来看，21世纪将是中国能源体系发展重大变革的关键时期。目前，中国能源构成仍以化石能源为主，非化石能源占比约为一成。计划到2020年，非化石能源在能源构成中比重增至15%，从而开启一个能源结构多元化阶段。在这个阶段中，化石能源与非化石能源并存，煤炭、石油和天然气比重将发生较大变化。具体而言，有以下几点：

一是煤炭比重将持续下降，尽快达到国家煤炭消费总量的峰值，并进而实现煤炭消费总量的逐步下降。

二是通过提高效率和替代，控制石油消费的增长速度，遏制石油消费的快速增长势头，实现石油在能源消费中的比重先扬后抑再降的目标。

三是扩大天然气的供应，直至21世纪中叶，作为化石能源向非化石能源过渡的重要桥梁——天然气比重应该有大幅上升。

四是逐步扩大可再生能源、核能等非化石能源的比重，到21世纪末，非化石能源将成为主体能源，化石能源比重将下降到一成以下。

从现在起，大约用80年的时间完成中国能源结构的转型，现在至2020年为第一个阶段，以控制大气质量为抓手，主要通过扩大天然气的利用，推动煤炭尽快达到峰值，加速化石能源的清洁化利用进程。2020~2050年，以控制碳排放为抓手，加快可再生能源、核电和天然气等低碳能源的发展步伐，构建以清洁煤炭和石油与低碳能源并重的能源供应体系。2050~2100年，以能源永续供应为抓手，逐步减少对化石能源的依赖，建立以非化石能源为主体的能源体系。三个阶段阶次发生、相互衔接，共同构成中国能源发展百年构想，在整个过程中天然气作为重要的过渡能源，地位十分重要。

当前中国能源发展正处于调整和变革的窗口机遇期，不同能源战略选择将决定中国未来发展模式和发展路径。图2显示了中国到2020年不同能源发展路径下的能源消费总量，延续"十一五"末期的单位GDP能耗强度，或单位GDP能耗强度分别下降20%、25%、30%，以及将能耗控制在40亿吨标准煤以内，中国面临的将是截然不同的能源生产供应需求，这与能源消费方式息息相关。

在能源生产与供应方式方面，如果未来十几年延续"十一五"的发展趋势，每年增加1.5亿~2.0亿吨燃煤供应，到2025年将达到60亿~65亿吨，中国将付出不可承受的环境代价；如果停止燃煤供应的增加，将煤炭消费维持在40亿吨左右，同时减少小煤炉等分散低效利用，加强煤炭的合理利用，将有效缓解环境污染；如果每年能减少1亿吨左右的煤炭使用，到2025年煤炭消费总量降低到20亿吨，则中国面临的环境和污染问题可大大缓解，这依赖于能源结构的根本性变化，需要中国努力发展清洁能源，积极加强国际能源合作，构筑全球能源安全，依靠全球市场，从根本上解决能源供应问题。

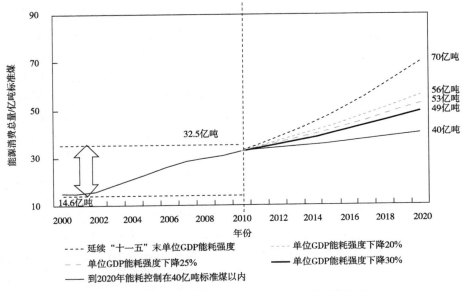

图 2 不同能耗强度下中国未来的能源消费总量情景

能源消费方面，不同的生活方式会带来巨大的能源需求差别。目前中国的人均电力消费和能源消费都远低于发达国家，能源需求正随着城镇化过程和人们生活水平的提高而不断增长。未来人们的生活方式决定着能源需求。如果中国未来实现日本和欧洲的发展模式，在人均 6 吨标准煤和 8 000 千瓦时的电力消耗下实现现代化，达到较为稳定的能源消费水平，将需要约 80 亿吨标准煤的能源供应和约 30 亿千瓦的电力装机容量，这分别相当于 2010 年的 2.5 倍和 3.0 倍；如果中国能以人均 4 吨标准煤和 5 000 千瓦时的电力消耗实现现代化，则需要约 55 亿吨标准煤和 20 亿千瓦的电力装机容量，是中国有可能承受的能源需求。因此，中国既不可能实现北美"奢侈型"生活方式，也难以实现日本和欧洲国家的"全面满足型"生活方式，很难维持原有的"需求决定能源消费，能源需求的下降只能通过提高效率和节能来实现"的能源使用方式，而应努力从可能获得的能源供应总量出发，在不超过这个供应总量的前提下，确定工业生产、建筑运行和交通等各个部门的能源总量与能耗指标，各部门考虑最适宜的技术和生产生活方式，兼顾公平与效率，实现经济发展与人民生活水平的提高。这样的思路与途径截然不同于以往发达国家的发展历史，需要中国走出一条不同于人类以往经验的现代化之路。从而，能源管理从保障供给向"需求侧和供应侧相向满足"转变，坚决地抑制乃至杜绝不合理的能源消费，给经济的发展戴上能源消费总量控制的"笼头"。

能源的低碳、清洁化发展必须贯穿于中国未来工业化、城镇化发展的各个方面，涉及全社会生产方式、消费模式和体制机制等各个领域，必将是一个长期渐变的发展过程。中国当前的能源生产供应格局以及发达国家的发展历史显示，无论是能源生产与供应过程还是能源消费方式的转变，都很难自然而然地实现，必须通过强有力的干预措施促使其发生和发展，即用生态文明的理念指导发展。它主要包括以下内涵：第一，在全社会树立尊重自然、顺应自然和保护自然的生态文明理念；第二，推动资源和能源利用方式的根本转变，把资源和能源利用、经济社会发展及生态环境作为统一整体加以考虑，寻求人与自然的和谐发展；第三，改变发展观念，倡导和形成绿色低碳的生活方式及适度消费的理念；第四，实现制度创新，推动政府、企业、社会共同参与到环境保护和节能减排中。

一方面，将控制能源需求总量，尤其是控制煤炭和石油的消费总量，列为国家基本战略和政府工作目标。西方国家能源治理经验证明，仅依靠技术手段无法解决日益突出的能源供需矛盾。为解决中国的能源问题，国务院已经采取一系列富有成效的措施，然而中国能源消费总量持续增长、利用效率低的局面并没有彻底改变。中国已开始实行能源需求总量控制，到 2020 年左右煤炭消费总量见顶；2025~2030 年石油消费量见顶，不足部分要靠可再生能源、核能、天然气三类清洁能源补足，最终过渡到以非化石能源为主。解决中国能源问题的出路在于完善治理模式，除了发挥市场机制的作用之外，必须加强科技机制的作用，通过机制的搭配使用，实现供给的科学化、需求的合理化，必须严格控制人均能耗水平，"以科学的供给满足合理的消费"才是中国能源生产和消费革命的战略目标。

第一，进一步将能源消费总量由政府指导性目标转变为约束性指标。将山东、江苏、浙江、上海等省（市）节能降耗工作的相关经验，包括在市级区域开始实施能源消费总量控制并将能源消费总量目标分解至所属县区及重点耗能行业等相关领域的实践，作为推进全国实施能源消费总量控制的参考依据，以便更有效地推动中国发展方式的转变。

第二，压制奢侈性消费、重复投资和高能耗产品出口。当前中国出口的大多是劳动密集型、高能耗、高污染的产品，依靠这种低附加值的产业，已经不可能支撑中国的经济增长，反而导致国内能源供应紧张、环境污染严重。大量的产品代加工业还带来了大量的转移排放。中国的出口加工业应该尽快转向生产能源消耗低、环境污染少的高附加值产品。

第三，对居民的建筑、交通等领域的生活用能进行控制。通过优化城市布局和基础设施建设，鼓励发展低碳、低耗、清洁的交通体系和建筑形式，通过推动相关领域低碳节能标准的出台，最大限度地限制奢侈浪费型需求的扩张。

第四，通过政府倡导示范和民间组织推动引导全社会节约能源。让公众养成节约能源的生活习惯，如搭乘大众运输工具、吃本地生产的有机食品、穿棉麻天然织物、延长耐用品的使用年限，才是降低能源需求的长久之计。

明确限制煤炭生产总量，适度控制石油消费总量，大力调整能源供给结构。在确定能源需求总量的基础上，中国政府应大力调整能源供给结构，特别要限制国内煤炭生产量。尽管在今后的二三十年中煤炭仍将是中国最主要的能源，但中国必须改变粗放型的煤炭生产方式，实现生产过程的安全和环保。煤炭在中国能源供应中的比例应该逐步下降，当前应尽量降低煤炭产量的增长速度，尽快实现零增长，之后再逐步减产，2050 年时最好能压缩至 35%。与此同时优化煤炭使用方式，将煤炭用于发电的比例列为政府能源发展的一个指标，使发电用煤占煤炭消费总量比例由目前的 1/2 逐步向 OECD 超过 80% 的比例乃至美国、澳大利亚等国 90% 的比例接近。在限制煤炭生产量的基础上，中国应进行能源结构调整。适度扩大石油的供应和控制消费需要并重，将石油消费控制在合理的范围之内，重点扩大天然气的供应，在确保安全和环境无害的基础上发展核电，特别应推动快堆技术的发展和应用。在可再生能源方面，应积极有序开发水电，大力发展风电和太阳能发电，因地制宜地发展太阳能热利用和生物质能源。总的来说，煤炭的开发量应尽快大力压缩，石油有控制地发展，努力增加天然气的供应，尽可能增加非化石能源的供应量和比例，使之尽早成为主导能源。

## 四、中国实现能源革命的途径

在全面建设生态文明背景下，要从根本上实现能源革命，必须从能源发展理念、生产方式、消费模式、体制机制等方面实现根本性变革，开创出一条适合中国国情的高效、绿色、低碳能源发展道路。与以往依靠技术突破实现能源革命不同，新的能源革命整体还处在技术发展和市场孕育过程中，可能包含在能源勘探开发、加工转换、终端利用等多个领域和环节，并且与现代 IT 技术、新材料、储能技术等技术创新密切相关。考虑到中国国情和发展阶段，推动能源革命将是一个漫长、渐进的过程，涉及工业化、城镇化发展的各个方面，需要在明确长远目标方向的基础上，结合不同阶段任务重点，综合发挥市场机制和政府引导的作用，引导全社会生产方式和消费模式加快转变，以不断量变推动质变的方式，实现能源发展高效、绿色、低碳的革命目标。具体而言有以下几个方面。

### （一）推动能源生产革命

中国能源生产革命的核心是加快优化能源结构，改变以煤为主的能源供应结构，不断降低煤炭消费总量和煤炭占一次能源消费的比重，构筑以高效、清洁、低碳、多元为特征的现代能源供应体系。

长远来看，应尽快明确中长期发展战略和目标，顺应世界能源革命的发展潮流，逐步减少对煤炭的依赖，到 2050 年将煤炭占一次能源的比例降低到世界平均水平，逐步摆脱对传统化石能源的依赖，缓解能源过度消费带来的生态环境问题。在非化石能源技术发展方面，应不断加强投入，促进技术创新和商业模式创新，推动非化石能源成为能源供应新的支柱。积极担负能源大国责任，不断融入世界能源市场，充分利用国内国际两种资源，促进能源技术创新全球化，建立有利于保障全球能源安全的供应体系。

近中期方面，将治理以 $PM_{10}$（可吸入颗粒物）、$PM_{2.5}$ 为特征污染物的区域性大气环境作为抓手，严格限制煤炭消费的增长，城市密集地区应尽快实现煤炭消费负增长。在现有的煤炭供应水平基础上，应加强煤炭的集中和综合、高效利用，从而提高利用效率，便于实行清洁化处理，应逐步控制和减少小煤炉等低效利用方式，严格控制煤制气的发展规模。加快天然气价格改革，改革现有的天然气市场管理机制，扩大其供应渠道，推进天然气的快速发展。

### （二）推动能源消费革命

中国能源消费革命的核心是大幅提升能源利用效率和抑制不合理的能源需求，在控制能源消费总量的同时，支撑经济增长效益不断提高。推动能源消费革命，一方面，要加快转变经济发展方式，降低经济增长对高能耗、高排放行业的依赖，实现经济增长由主要依靠数量投入向更多依靠技术进步、自主创新、效益增长等方向转变；另一方面，要大幅提升建筑、交通等领域能源利用效率，引导消费方式向节约、适度方向转变。

作为世界第一能源消费大国，推动中国能源消费革命是一个长期的过程，需要尽早做好道路选择和顶层设计。应按照到 2050 年中国全面实现现代化的要求，综合设计与之适应的工业化、城乡布局、建筑、交通发展体系，构筑与生态文明建设要求相一致的能源消费体系，建设高效、绿色、低碳、循环的社会体系。对与能源环境相关的重大项目、技术和工艺路线，充分考虑国际标准和未来的发展趋势，实施严格的节能环保、战略环评准入管理，从源头上确保中国能源效率尽快达到世界先进水平。

首先，应控制能源消费总量，特别是严格控制煤炭的消费总量，力争到 2015~2020 年，煤炭消费达到峰值并开始逐步下降，2025~2030 年左右，石油消费总量达到峰值。在中国可能获得的能源供应"天花板"下，以较小的能源弹性系数来支撑经济发展，合理配置工业、建筑和交通等部门的能源需求，构筑以"绿色、低碳、循环"为理念的能源消费体系。其次，应科学合理地控制城镇建设规模和建筑面积，将建筑总面积控制在 600 亿平方米以内，将人均面积控制在日本、韩国等亚洲发达国家的水平（40~45 米²/人），避免人均面积达到美国水平带来的高能源环境代价和高额维护成本。严格限制大拆大建，控制建设速度和水平，当城镇建设基本完成后实现建材业和建筑工业"软着陆"。再次，应适度控制机动车的增长速度，逐步转变小汽车使用者对出行方式选择的传统观念，抑制私人小汽车出行的过度膨胀，提高公共交通的出行分担率，实现交通运输资源的有效配置。最后，应坚决抑制不合理的消费需求，避免能源浪费，倡导节俭适度的生活方式和能源利用方式。

## 五、中国实现能源革命的建议

生态文明建设是一项长期、艰巨、复杂的历史任务，需要在中国经济社会发展进程中不断探索和创新。在建设生态文明背景下，推动中国能源生产和消费革命，并没有现成的发达国家经验或目标可以照搬，需要在打造中国经济升级版的过程中，积极发挥后发优势和不断创新，探索中国特色新型工业化、城镇化发展道路，创新中国能源发展新道路。推动能源生产和消费革命，需要加快完善符合生态文明建设要求的长效体制机制。要以总量目标为手段，坚持科学供给满足合理需求发展战略，对各个行为主体进行约束，实现政府、企业和社会共同参与，通过生态文明建设推动全社会实现能源生产和消费的革命。整体而言：

要把推动能源生产和消费革命作为生态文明建设的重要杠杆及抓手，促进中国发展方式、增长质量、生态环境水平实现根本性改善。能源总量方面，要合理控制能源消费总量，推动能源消费增速放缓、达到峰值并趋于稳定、逐步实现下降，最终确保能源消费与经济增长的明显脱钩；能源结构方面，要推动煤炭消费比重大幅下降，稳定增加非化石能源消费比重，逐步实现能源供应的绿色化、低碳化；能源效率方面，要大幅提升能源利用效率，尽快达到世界先进水平，以明显较低的人均能耗、人均温室气体排放，实现"三步走"现代化发展目标。

为实现上述能源生产和消费革命总体目标，要从发展理念、模式、内容等方面，全面反思和变革现有高碳发展道路，改变依靠能源环境要素投入和规模扩张的粗放型发展方式，具体而言：

一是明确能源生产和消费革命战略目标。从全局高度，把推动能源生产和消费革命作为生态文明建设重要内容，融入国民经济和社会发展、城镇化、工业化的各项具体任务，贯穿能源生产、流通、消费、处置等全过程。要制定分阶段、分领域的能源生产和消费革命发展目标、实施步骤，把推动能源生产利用根本转型与全球化、信息化、自主创新等结合起来，发挥后发优势，促进中国综合国力和竞争力显著提升。

二是大幅提升能源利用效率。坚持把节约优先作为经济社会发展重要约束和前提，作为能源生产和消费革命的首要任务，推动中国能源利用效率水平尽快达到发达国家水平。强化工业、建筑、交通、公共机构等重点领域节能工作，加快淘汰落后生产能力、设备和产品，大幅提高标准要求，从源头上避免高碳锁定效应。要把绿色、低碳的建筑、交通体系作为政府基本公共服务重要内容，促进政府部门发挥节能模范带头作用。

三是显著优化能源结构。把加快发展低碳能源、明显降低煤炭消费比重作为能源结构优化重要目标，通过完善公平、有序市场竞争体系和政策环境，促进核能、水能、可再生能源等开发利用技术不断进步，推动绿色低碳能源尽快成为重要支柱能源。鼓励发达地区和城市率先推动化石能源减量、清洁化利用，推动新增能源需求主要依靠可再生能源。结合不同地区资源禀赋，积极探索因地制宜利用可再生能源的多种途径。

四是探索控制能源消费总量、坚决抑制不合理的能源需求。把合理控制能源消费总量作为长期目标，探索有效发挥市场决定性作用与政府引导作用的具体方式。针对当前城市环境整治、雾霾治理等，把削减煤炭消费总量与改善生态环境质量有效结合起来，发挥协同作用。建立基于市场的总量控制长效机制，探索合理控制能源生产能力的有效途径，发挥价格信号、财税手段、标准体系等在引导用能单位和个人行为转变中的作用。

五是加快能源生产和利用技术创新。加快发展化石能源清洁开发利用技术，大力推动新能源开发利用技术进步，尽快达到世界先进水平并发挥示范引领作用。积极推广节能汽车、低碳建筑、高效家电等先进成熟技术、产品，增强自主创新能力水平。加快发展智能电网、电动汽车、储能技术等，提供系统性、综合性能源技术解决方案，推动下一代革命性能源开发利用技术尽快突破，进一步降低各类非化石能源的成本，使之成为用得起的可持续能源。

六是创新能源管理体制和机制。改善政绩考核制度，把推动能源生产和消费革命纳入经济社会发展评价体系，促进发展理念的根本转变。改革能源管理方式，发挥法规、标准、价格、金融手段的导向作用，推动能源和环境领域的监管及治理纳入法制化轨道。坚持市场化改革方向，加快能源、土地、水、矿产资源的价格形成机制改革，完善财政、税费和金融制度，推动环境成本外部化，发展碳排放权、排污权、水权交易、合同能源管理等创新机制。

七是引导合理能源消费模式和文化。把中国传统的天人合一、勤俭节约智慧美德与现代社会绿色、低碳发展要求结合起来，引导节约、适度消费理念文化。通过完善法治建设、减少市场扭曲、出台经济激励、加强宣传教育、发挥政府带头作用等，坚决摒弃贪大求洋、奢侈浪费的消费理念，积极引导全社会形成绿色、低碳的消费理念和文化。鼓励绿色消费，倡导绿色出行，以垃圾分类为抓手，推进垃圾的减量、回收和再利用分类，形成绿色、低碳的生活方式和消费模式。

八是加强能源国际合作。发挥"两种资源，两个市场"的作用，加强能源保障的国际合作；加强能源科技和管理的国际交流，共同提高水平；把"一带一路"打造成合作、共赢、绿色、低碳的发展走廊。

## 参 考 文 献

[1] BP. 世界能源统计年鉴（2014）[EB/OL]. http://www.bp.com/en/global/corporate/about-bp/energy-economics/statistical-review-of-world-energy.html，2015-01-10.

[2] 国家统计局. 中国统计年鉴（2012）[M]. 北京：中国统计出版社，2012.

[3] 国家统计局能源统计司. 中国能源统计年鉴（2012）[M]. 北京：中国统计出版社，2012.

# 分 报 告

# 专题一　能源变革与生态文明建设

## 摘　要

能源是人类活动的物质基础，为人类的生产、生活提供了动力，是文明发展的先决条件，在人类发展进程中起着举足轻重的作用。人类历史上，从原始文明和农业文明依靠可再生的人力、畜力与太阳、风、水等自然能源，到工业文明倚赖煤、石油、天然气等化石能源，无一不是由能源变革伴随着技术的飞跃，改变了人类的生产生活方式，推动了人类文明的过渡与社会的发展，同时也推动人类的需求不断增长。

资源能源的大量开采以及能源使用过程的污染物排放导致了对自然的破坏一步步加剧，带来了能源浪费、环境问题加剧、能源贫困突出、能源安全问题凸显、极端气候事件增加等一系列问题。为实现全球经济社会的可持续发展，新能源变革的历史使命在于克服不断增长的能源需求带来的负面影响，确保全球能源供应的可持续性，维系人类文明的不断发展与延续。

世界主要发达国家在20世纪初期相继完成了工业化进程，其在应对发展过程中出现的环境问题和能源问题方面采取了许多措施，基本完成了能源生产与供应的清洁化，正在向低碳化方向转变，同时催生了大批新的能源技术，为新的能源变革的出现和发生，开展了有益的探索和实践。

从主要发达国家经济与能源发展的过程来看，部分发达国家（德国、英国、丹麦）从20世纪60~70年代起实现了经济与能源的脱钩，即以较少的能源增长或能源的零增长实现经济的快速发展。发达国家及地区实现了不同的发展模式，一种是以满足人们建筑与交通的享受型需求为目的的"奢侈型"生活方式（以美国、加拿大为代表）；另一种是在满足人们生活各方面需要基础上，主要通过提高能效来控制能源需求的"全面满足型"生活方式（以日本、欧洲为代表）。而从人均能耗和具体的生活方式来看，即使是第二类发达国家及地区，与生活消费相关的建筑运行和交通能耗也远高于世界平均水平及发展中国家，能源消费方式没有实现根本转变。这是因为，现代市场经济秩序从本质上无法真正将人类的发展方式转变为可持续发展，纯粹依赖技术的变革与效率的提升无法拯救能源、环境和气候危机。

在人类社会的发展历史过程中，之前每一次能源变革和随之而来的文明过渡均是自然而然地发生发展的。然而当前能源、环境和气候面临的紧迫形势决定了人类不能再任由能源与经济同步增长，而是要着力解决当前经济增长与可持续发展的两难问题，这不仅需要先进的技术措施实现能源生产与供应的清洁化、低碳化，更需要依靠发展理念的巨大转变来扭转能源的消费模式。

能源消费总量的快速增长和长期以煤为主的能源结构给中国带来了严重的问题，使得中国付出了高昂的代价，成为绿色发展的重大障碍。回顾中国经济发展的历程，总体上仍具有"以牺牲环境换取经济增长"的特征。随着全面建成小康社会进程和实现"两个一百年"目标进程的加快，能源开发利用势必会面临更严峻的挑战，这是未来中国进行能源变革首要考虑的问题。

中共十八大报告中提出建设生态文明，并将其融入经济建设、政治建设、文化建设、社会建设各方面和全过程，通过生态文明建设推动能源生产和消费革命。这与当前人类新的文明形态与能源变革的总体趋势是一致的，也是符合中国当前的基本国情的。

要建设生态文明，转变发展方式，在完成工业化和城镇化的同时实现能源变革，中国需要技术、体制和机制上的创新，从能源生产和供应过程、能源的消费过程以及人的消费行为方面，努力实现以下基本任务：

（1）在能源生产和供应的过程中，最重要的任务是优化能源结构，其核心是改变以煤为主的能源结构，构筑以清洁化和低碳化为特征的能源供应体系。

（2）针对能源消费过程推动能源效率的革命，提高中国的能源产出率，降低单位 GDP 能耗，一方面通过技术进步大幅度提高能源技术效率，另一方面通过转变增长方式，提高能源利用的经济效率和服务效益。

（3）完成中国能源变革的核心要素在于转变发展观念和消费观念，要以总量目标为手段，对各个行为主体进行约束，实现政府、企业和社会共同参与，通过生态文明建设推动全社会实现能源生产和消费的变革。

## 一、人类文明发展史上的能源变革

人类文明发展史是一部能源品种不断变化、能源技术不断革新的历史。两者相辅相成，共同推动了人类文明史上的能源变革。图 1 为 1850~2010 年全球不同能源种类使用比例的变化。

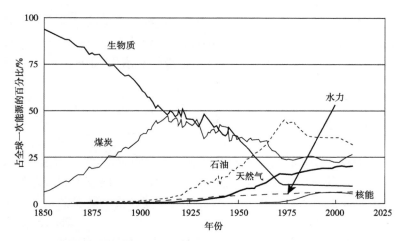

图 1　1850~2010 年全球不同能源种类使用比例的变化[1]

　　火的发现是旧石器时代人类的一项重大成就，也是人类史上第一次能源技术革新。尽管火的发现是一次偶然的过程，但人类随后熟练掌握了火的使用，从此学会了主动使用初级生物质能，进入了能够被称为"能源利用"的世界。火开辟了人类更加丰富的食物来源，人类开始实现定居，并学会了冶炼和铸造金属、陶瓷工具与器皿，人类社会生产和生活方式也随之改变。人类开始加速进化，告别了茹毛饮血的原始文明，向农业文明转化。在随后漫长的岁月中，人类初步利用火进行毁林造地，开始了利用自然、改造自然的进程。

　　18 世纪中叶的第一次工业革命和 19 世纪中叶的第二次工业革命带来了新的能源技术，推动了整个能源体系的又一次变革。伴随着蒸汽机和内燃机的发明应用，人类社会的生产方式由手工劳动向动力机器转变，生产力大大提高，市场上的商品越来越丰富，地区间的贸易成倍增长。同时，火车的出现改变了以往的畜力运输，为运输方式带来革命性的变化，并加速了木材、煤炭、石油等大宗能源品种的商品化进程，给全球带来了丰富的能源品种。而随后汽车、飞机的出现和发展促进了石油的大规模使用。伴随着第一次工业革命和第二次工业革命，人类社会由农业文明向工业文明转变。与此同时，人类进一步征服自然，加剧了对自然资源的索取。例如，作为工业革命发源地的英国依靠木炭作为燃料，大量砍伐森林，成为世界上第一个原始森林完全消失的国家。由于化石能源的大量使用，生态破坏和环境污染问题初步显现。

　　随着能源技术的不断进步，电力的广泛应用变为可能。这也使得能源传输技术发生了重大的革命，推动能源生产和消费进入网络化时代，奠定了工业现代化的基础，并催生了自动化、信息化和互联网等技术与产品的出现与发展，带来生产、消费、运输、通信方式的一系列重大发展与变革，改变了人类社会的组织形式，使得人类进入工业文明新阶段。新的技术也推动人类的需求不断增长，资源能源的大量开采以及能源使用过程的污染物排放导致了对自然的更大破坏，出现了诸如 1943 年洛杉矶光化学烟雾、1952 年伦敦烟雾事件、1953~1956 年日本水俣病等一系列环境污染和环境公害问题。

## 二、新的能源变革的历史使命

已经发生的能源变革，在加速人类技术进步的同时，也推动了能源消费技术、装备和产品的革命与发展，造成了人类生产与消费技术的变革和观念的改变，使得浪费型能源需求及其实现的奢侈性消费成为可能，推动能源消费产生了几何级数的增长，几乎要耗尽地球上赋存的化石能源（图 2）[2]。据 BP 能源统计，1965~2014 年全球一次能源消费量从 37.55 亿吨油当量增加到 129.28 亿吨油当量，增长了 2 倍多[3]。BP 公司预计，2011~2030 年全球能源消费总量还将增加 36%[4]。能源消费加速的同时也带来了一系列的负面影响。

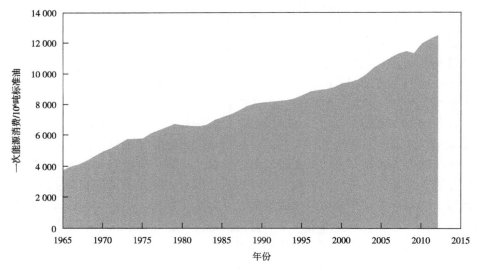

图 2　1965~2012 年的全球一次能源消费[2]

（1）环境问题加剧。能源是经济社会发展的重要物质基础。环境问题与能源消费关系密切。工业革命以来，煤炭、石油、天然气等化石能源快速发展，在加剧能源供应安全问题的同时，还产生了巨大的环境问题，如造成大气污染、水污染和土壤污染，加剧了气候变化和臭氧层破坏等，直接威胁着经济社会的可持续发展。化石能源燃烧曾引发一些长时间、大面积、跨流域和跨国界的环境问题。例如，20 世纪 40 年代发生在美国的洛杉矶光化学烟雾事件，是由于汽车尾气排放的大量碳氢化合物和氮氧化物在阳光作用下，与空气中其他成分起化学作用而产生了含有臭氧、氧化氮、乙醛和其他氧化剂的剧毒烟雾[5]。1952 年发生在英国的伦敦烟雾事件，是燃煤产生的二氧化硫和粉尘污染遇到不易扩散的天气条件所造成的大气污染物蓄积。2010 年石油钻井平台爆炸而导致的美国墨西哥湾原油泄漏事件，给墨西哥湾及沿岸生态环境带来了巨大破坏。

（2）能源贫困突出。能源技术的变革造成能源消费出现不公平现象，一方面是部分发达国家和地区出现了能源浪费性消费，使得化石能源成为稀缺资源、高价资源，造成了能源只能满足少数发达国家需要的局面。另一方面是大多数发展中国家和地区出现了普遍的能源贫困现象，基本的能源供应都不能得以保障。这种不公平随着能源消费的增加而逐渐加剧，使得形成能源普遍服务成为奢望。例如，美国人均年消费约 10 吨标准煤，是最不发达国家平均水平的 100 倍；美国、加拿大、挪威等国家的年人均用电量都超过了 10 000 千瓦时。根据 GEA 的最新报告[1]，目前，全球约 12 亿人口仍然用不上电，这相当于印度人口总数；约 28 亿人口要依靠木柴、秸秆、粪便以及其他材料取暖和做饭。能源贫困现象不仅在能源稀缺国较为常见，一些能源生产大国也存在这个问题，无法为本国提供足够的燃料和电力。例如，非洲最大的石油生产国尼日利亚由于缺乏生产和输送能源的基础设施，约 8 240 万人无电可用，数量仅次于印度，仍有约 1 178 万人需要依靠木材和生物质生活。印度尼西亚虽然拥有全球最大的煤炭出口量，2011 年更是成为第八大天然气出口国，但印度尼西亚至今仍有 1 312 万人以木材和生物质等材料维生。如果这些能源贫困问题不能得以解决，建立可持续的能源体系就是空谈。

（3）能源安全问题凸显。能源消费量随经济与社会的发展不断攀升，满足能源需求增长、确保能源安全成为世界各国政府的重要任务之一，也是国际社会的重要热点和重点问题之一，由此引发的贸易争端、摩擦，乃至战争连绵不断。例如，20 世纪 90 年代发生的海湾战争，起因就是伊拉克希望通过占有科威特的资源，使自己成为支配阿拉伯世界和波斯湾的石油强国，而美国之所以进攻伊拉克，其政治目的在于维持自己在中东的霸权和石油利益。又如，1973 年第四次中东战争引起的第一次石油危机和 1978 年伊朗爆发革命引发的第二次石油危机，这两次石油危机具有共同的特征，都是由能源主产国实施石油禁运或能源主产地局势动荡引起的能源供应短缺危机。如今，能源安全的内涵更为丰富。它不仅仅是能源供应安全问题，而是包括能源供应、能源需求、能源价格、能源运输、能源使用等安全问题在内的综合性风险与威胁。

（4）极端气候事件增加。1896 年物理化学家阿仑尼乌斯通过定量计算提出化石燃料燃烧导致的 $CO_2$ 浓度上升具有使全球变暖的可能性。观测数据表明 $CO_2$

浓度由工业革命前的 280ppm 持续上升,近期 $CO_2$ 浓度已首次逼近或突破 400ppm。IPCC 第四次评估报告也表明,人类活动"很可能是"气候变暖的主要原因,并且这种可能性达到 90% 以上。而全球变暖带来的地表温度升高、自然水循环速率加快等变化,可能增大极端气候事件的频度和强度。IPCC 报告同时提出,过去 50 余年中,极端天气事件呈现不断增多增强的趋势,预计今后这种极端事件的出现将更加频繁。2011 年,中国相继发生了南方低温雨雪冰冻灾害、长江中下游地区春夏连旱、南方暴雨洪涝灾害、沿海地区台风灾害、华西秋雨灾害和北京严重内涝等诸多极端天气气候事件,全年共有 4.3 亿人次不同程度地受灾,直接经济损失高达 3 096 亿元[6]。研究表明,极端气候事件对全球造成的损失,1980 年约为每年几十亿美元,而 2010 年已上升至每年大于 2 000 亿美元,这还不包括对人们生命健康的影响和对生态系统及文化遗产的损坏[7]。

为实现全球经济社会的可持续发展,新能源变革的历史使命在于克服不断增长的能源需求带来的负面影响,确保全球能源供应的可持续性,维系人类文明的不断发展与延续,其主要内容包括以下几个方面:第一,大幅度提高能源效率,合理控制能源消费行为,控制能源消费的无序增长;第二,确保人人享有可持续的能源供应,消除能源贫困,实现能源公平;第三,减少能源供应过程中的环境、生态问题;第四,应对气候变化,构建清洁、低碳的能源体系。

与之前的能源变革相比,正在进行的能源变革是人类自主选择的结果。之前的能源变革大都属于自发出现、自然发展,推动了人类文明的发展,改变了人与自然的关系,加剧了对自然的索取与破坏。正在进行的能源变革,清洁、低碳、可持续是其重要特征,它是人类进入生态文明发展阶段的客观需要,是人类对能源体系主动选择的结果,目的在于追求人类与自然、环境的和谐统一,维系人类自身的生存和发展。

## 三、人类对新的能源变革的探索与实践

文明演进与能源变革是一个渐进性过程,人类已经主动着手解决面临的能源、环境和气候问题,对新的能源变革开始了尝试和探索。在能源生产与供应的清洁化方面积累了许多成功经验,低碳化方面迈出了可喜步伐,在控制能源需求方面也实现了不同的发展模式,但仍未能成功转变能源的消费方式。

### (一)开展了以清洁化、低碳化为特征的能源供应变革实践

世界主要发达国家在 20 世纪初期相继完成了工业化进程,其在应对发展过程中出现的环境问题和能源问题方面采取了许多措施,基本完成了能源生产与供应的清洁化,正在向低碳化方向转变,同时催生了大批新的能源技术,为新的能源

变革的出现和发生，开展了有益的探索和实践。

## 1. 基本完成了能源生产与供应体系的清洁化

世界主要发达国家自 20 世纪 40 年代起，已经意识到能源消费发展带来的环境问题，尤其是伦敦雾霾天气造成上万人死亡之后，更加认识到控制煤炭消费和环境保护的重要意义，开始了能源清洁化的进程，到 60 年代初，基本完成了煤炭时代向油气时代的过渡，基本上解决了困扰发达国家多年的煤烟型污染问题。例如，英国于 1952 年伦敦烟雾事件后，出台了《伦敦城法案》、颁布并修订了《大气清洁法》、出台了《空气污染控制法》，这些措施有效地减少了燃煤产生的烟尘和二氧化硫污染。1943 年的洛杉矶光化学污染事件催生了美国《清洁空气法》的颁布，并加快了美国排放许可制度、严格的环境标准、环境交易市场等制度的出台，经过近 40 年的时间，美国有效改善了化石能源燃烧带来的环境问题，尽管洛杉矶的人口增长了 3 倍、机动车增长了 4 倍多，但该地区发布健康警告的天数却从 1977 年的 184 天下降到了 2004 年的 4 天。迄今为止，去煤炭化仍然是全球能源发展的趋势，世界能源委员会（World Energy Council，WEC）报告预测，到 2025 年左右全球煤炭消费总量将达到峰值，最快 2050 年或者最晚 2100 年人类将不再使用煤炭。

## 2. 正在进行能源的低碳化变革

20 世纪 70 年代接连发生的第一次和第二次石油危机，引发了世界能源市场长远的结构性变化。欧盟等发达国家及地区由此积极寻找替代能源，开发节能技术，主导了以低碳化为特征的新能源变革。例如，欧盟，特别是丹麦、德国积累了丰富的低碳发展经验，欧盟大多数国家出现碳排放零增长，乃至负增长。

其中，欧盟继 1997 年提出 2050 年把可再生能源的比例提高到 50% 的发展目标后，2011 年又出台规划，提出到 2050 年将欧盟温室气体排放量在 1990 年的基础上减少 80% 到 95%；英国通过开发北海油气，改革电力市场、取消煤炭补贴等一系列举措，完成了一次能源消费从煤炭向天然气主导的转变；法国大力发展核能，核电占一次能源的比例从 1973 年的 2% 迅速提高到 1985 年的 19%，2010 年其核能发电量占总发电量的比重超过 75%；德国注重提高建筑、工业、交通等领域的能效，并采取多种措施推动可再生能源使用，2011 年可再生能源占总发电量的比重达 20%；丹麦提出了能源来源多元化的战略，充分重视温室气体减排，并着力于提高能效和发展可再生能源，从 1972 年石油在能源消费中的比例高达 93%，到 2005 年即实现可再生能源发电比例达到 30%，占热力供应的比例达到 45%。

从全球来看，近年来可再生能源迅速发展，1996~2010 年，太阳能发电的装机量增长了 56 倍，风能装机量增长了 31 倍。欧洲和 WWF 甚至提出到 2050 年实现近 100%可再生能源的方案。

各国在推动能源变革的过程中，大力推动技术创新，催生了一批适应于清洁、低碳要求的新的低碳能源技术和能源高效利用技术，如氢能源、新兴发电技术、新兴核电技术、页岩气技术和 CCS 技术等。这些新的能源技术的发展和应用，给新的能源变革奠定了良好基础。

### （二）控制能源需求方面实现了不同的发展模式

从主要发达国家经济与能源发展的过程来看（图 3），部分发达国家（德国、英国、丹麦）从 20 世纪 60~70 年代起实现了经济与能源的脱钩，即以较少的能源增长或能源的零增长实现经济的快速发展。日本和法国从 20 世纪 90 年代起、美国在进入 21 世纪以来出现了相对脱钩趋势。发达国家在控制能源需求方面具有以下三方面特点。

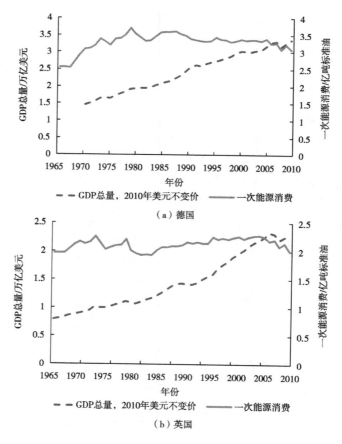

（a）德国

（b）英国

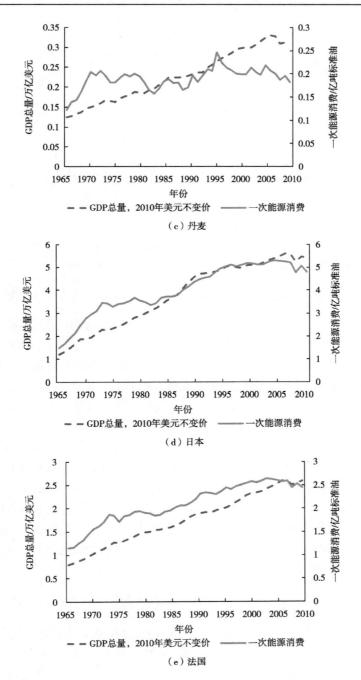

（c）丹麦

（d）日本

（e）法国

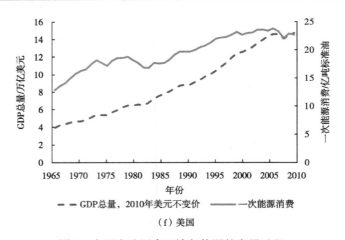

图 3　主要发达国家经济与能源的发展过程

资料来源：能源数据来自《BP 世界能源统计年鉴（2013）》，经济数据来自世界银行在线数据库

### 1. 通过调整产业结构、提高能效实现经济与能源的脱钩

日本从 20 世纪 70 年代起在全国开展了广泛的节能行动，通过对各个经济部门和居民生活全面的节能措施，大大提高了能源效率，成为全球单位 GDP 能耗最低的国家。英国制定并逐步完善了可持续发展战略，积极调整产业结构，强化对第二产业的严格限制，用财税政策引导扶持家庭节能减排，推动公共建筑节能。德国注重提高建筑、工业、交通等领域的能效，多次更新能耗标准，以能源数据为抓手采取多种措施节约能源，在能源技术研究方面形成了一个广泛的能源研究资助体系，在节能与新能源技术领域居于全球领先地位。丹麦力图在保证能源供应安全、保护环境和经济增长之间找到制定能源政策的平衡点，并着力使用税收手段（包括能源税、污染税、资源税、交通税等）推进整个社会节能减排步伐。欧盟以强化欧洲能源安全保障体系、在确保经济竞争力的同时更多利用可再生能源，以及减少温室气体排放为目标，于 2007 年提出了到 2020 年相对于 2005 年节约 20%的能源消费、将可再生能源的比例提高至 20%的计划，并从提高建筑和交通能效、加强节能项目及能效服务投资、实行能源证书制度、制定标准等方面提出了具体措施。

### 2. 发达国家按人均能耗可分为"奢侈型"与"全面满足型"两类

各发达国家发展到一定程度后，年人均能耗保持在一个基本稳定的水平，从图 4 所示的 2010 年发达国家的人均能耗与人均电耗对比看出，发达国家实现了不同的发展模式，主要可分为两类。第一类发达国家以美国、加拿大为代表，其人均电力消耗约为 14 000 千瓦时/年，人均能源消费为 10~13 吨标准煤/年；第二类发达国家是指日本、欧洲的主要国家，人均电力消耗为 7 000 千瓦时/年左右，人均能源消费为 5~7 吨标准煤/年。造成这两类巨大的能源消费差别的主要原因是生活方式的差别。以美国和日本为例，2010 年，在建筑运行能耗和交通能耗方面，人均消费领域能耗美国为 7.2 吨标准煤/年[①]，日本为 3.5 吨标准煤/年，二者相差两倍。两国人民生活方式方面的具体区别如表 1 所示，可以说，美国和加拿大建立在高人均能源占有基础上，以满足人们建筑与交通的享受型需求为目的，是一种"奢侈型"的生活方式；日本和欧洲发达国家及地区则在满足人们生活各方面需要基础上，主要通过提高能效来控制能源需求，是一种"全面满足型"生活方式。

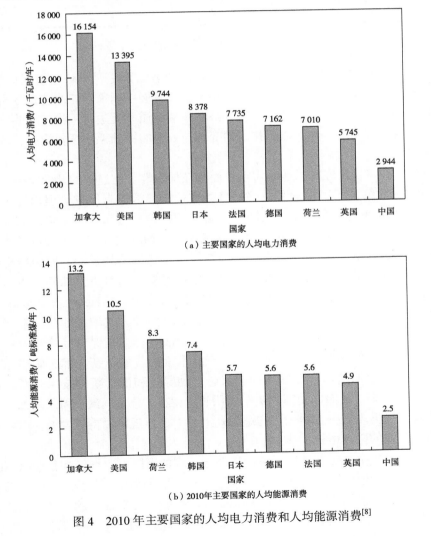

（a）主要国家的人均电力消费

（b）2010年主要国家的人均能源消费

图 4　2010 年主要国家的人均电力消费和人均能源消费[8]

---

① 资料来源：美国能源信息局（Annual Energy Statistical Review，EIA）。

**表1    美国与日本建筑和交通方面的差别**

| 方面 | 指标 | 美国 | 日本 |
|---|---|---|---|
| 交通 | 人均乘用车年行驶里程/千米 | 28 073 | 5 929 |
|  | 乘用车交通比重/% | 85.70 | 56.70 |
|  | 公共交通比重/% | 3.70 | 37.60 |
|  | 乘用车平均燃油经济性/（千米/升） | 8 | 12 |
| 建筑 | 人均拥有建筑面积/平方米 | 95 | 52 |
|  | 人均建筑能耗/（千克标准煤/年） | 4.6 | 2.0 |

### 3. 两类发达国家都没能从根本上转变能源消费方式

从人均能耗和具体的生活方式来看，即使是第二类发达国家，与生活消费相关的建筑运行和交通能耗远高于世界平均水平及发展中国家，能源消费方式没有实现根本转变。这是因为，现代市场经济秩序从本质上无法真正将人类的发展方式转变为可持续发展，纯粹依赖技术的变革与效率的提升无法拯救能源、环境和气候危机。

首先，技术发展在降低能源需求方面存在局限性。在过去的几十年中，主要发达国家一直致力于用技术手段解决日益增长的能源需求问题。但以往新的能源变革和技术进步在提高效率的同时，毫无例外地反过来促进了资源和能源更大的消耗。例如，1865年英国经济学家威廉姆·斯坦利·杰文斯提出"杰文斯悖论"时观察到，高效率蒸汽机的引入在减少了煤的消耗量的同时也降低了煤的价格。煤价的降低不仅意味着更多的人用得起煤，而且也意味着煤可以用于更多的行业，其结果是大大增加了煤的消耗量[9]。1992年Henry Saunders通过进一步的研究认为，能源使用效率的提高会通过两种方式增加能源的消费：一是使得能源相对于其他的生产要素而言变得更便宜；二是促进经济快速增长，从而加速能源的使用[10]。一般来说，生产技术上的技术革新，都会刺激相关的生产或消费需求的增加，而增加的需求会主动寻找和推动新的技术革新，进一步提高生产效率，从而促使需求进一步增长，就在"技术发展—需求增加—技术进一步发展—需求进一步增长"的螺旋式上升中，经济得以持续发展，与之伴随的是能源消费的持续增长。

其次，当代市场经济秩序无法促进能源需求的下降。市场经济秩序以不断增加消费需求作为经济增长的基本点，本质上无法将发达国家及地区"奢侈型"（美国）、"全面满足型"（日本、欧洲）的消费理念扭转为相对简朴的消费理念，也就无法促使可持续的能源消费方式实现。此外，能源与环境保护涉及代际公平问题，要考虑几代人之间生存环境均衡，就需要当代的发展在一定程度上做出让步，这与市场经济中资本需要短期回报的特性格格不入。

## （三）实现新的能源变革的途径

在人类社会的发展历史过程中，之前每一次能源变革和随之而来的文明过渡均是自然而然地发生发展的。然而当前能源、环境和气候面临的紧迫形势决定了人类不能再任由能源与经济同步增长，而是要着力解决当前经济增长与可持续发展的两难问题，这不仅需要先进的技术措施实现能源生产与供应的清洁化、低碳化，更需要依靠发展理念的巨大转变来扭转能源的消费模式。

### 1. 依靠先进的措施实现能源生产与供应的清洁化、低碳化

一些专家学者对新的能源变革进行了研究，并从理论上提出了未来驱动能源变革的可能性。例如，杰里米·里夫金在《第三次工业革命》中提出了支撑未来能源供应的五大支柱；丹尼尔·耶金在《能源重塑世界》中提出了探索论，指出目前的能源变革还在探索，但低碳化是基本发展方向；《世界又热又平又挤》的作者弗里德曼提出了斯普尼克时刻，警告美国政府中国、德国在新一轮的能源变革中走在了美国的前头；美国前副总统艾伯特·戈尔在《改变世界的六大驱动力》中指出，六大驱动力之一就是为了保持人类赖以生存的大气系统和气候系统的平衡关系，而进行的能源、工业、建筑、交通系统的变革。

新的能源变革可能需要以下创新和应用能源技术作为支撑：一是低碳能源的清洁化和低碳化技术，提供人人可付得起的可再生能源供应；二是连接五大洲的高效电力传输技术，实现能源本地化和国际化、分散化与网络化结合的变革；三是包括电动车等使用的小型电池和楼宇、电网备用的大规模储能系统等廉价安全的能源存储技术；四是高效能源利用技术，实现建筑、交通、工业和日用消费品用能模式的变革。不过，新的能源变革目前尚处于初级阶段，其技术的发展和走向还需历史的进一步实践与验证。

### 2. 通过主动选择新的文明形态扭转能源的消费模式

由于技术进步和市场经济在转变能源消费方式方面的局限性，人类需要主动选择一种新的文明形态，积极构建与之适应的能源和技术体系，通过强有力的干预手段和创新的制度，实现新的经济增长方式，促使经济与能源尽快实现脱钩。可以说，人类新的文明形态的诞生与发展，不再由能源变革、技术创新推动实现，而将成为人类在历史发展进程中首次做出的主动选择。

这需要，首先，全社会需严格约束自己的消费行为，树立能源公平的观念，在控制化石能源消费总量的基础上，实现不同国家、不同地区间公平享有优质能

源的权利；其次，以应对气候变化为契机，推进经济发展、能源供应和技术发展的国际化进程，实现人类文明的共同发展；最后，在充分认识技术变革的局限性的基础上，还应主动根据技术的适应性，选择真正适应于新的消费模式的绿色、清洁、低碳的技术，保障新的文明形态和能源变革的实现。

## 四、在中国实现生态文明建设，推动能源变革

中共十八大报告中提出建设生态文明，并将其融入经济建设、政治建设、文化建设、社会建设各方面和全过程，通过生态文明建设推动能源生产和消费革命。这与当前人类新的文明形态与能源变革的总体趋势是一致的，也是符合中国当前的基本国情的。

### （一）中国近年来的能耗增长超过预期，带来一系列问题

改革开放 30 多年来，中国走完了西方大多数国家 200 多年的工业化历程，随之带来的是能源消费总量持续快速增长，使得中国从 2010 年起成为世界能源消费第一大国。图 5 为 1981~2012 年中国的能源消费总量。1981~2012 年中国能源消费总量从 5.9 亿吨增长到 36.2 亿吨标准煤。其中，1981~2000 年的能源消费总量增长了 8.75 亿吨标准煤，年均增速为 4.88%；而进入 21 世纪以来，2000~2012 年能源消费总量增长了 25.5 亿吨标准煤，年均增速为 8.75%，增长超过了规划速度，是高资源、高环境代价下的不可持续增长。

除能源总量快速增长外，中国能源消费长期以煤为主的特征明显，是世界上唯一以煤为主的能源消费大国，从 1981 年到 2012 年，中国的煤炭消费一直维持在一次能源消费总量的 70% 左右。2012 年中国煤炭消费总量接近 40 亿吨，占全球总量的近 50%，1981~2012 年累计煤炭消费量增长为 34 亿吨，占同期全球累计增长的 81%[1]。从单位土地面积的用煤量来看，中国 2011 年为 326 克标准煤/米$^2$土地[2]，是 2011 年美国 88 克标准煤/米$^2$土地的 3.7 倍，超过世界平均水平（28 克标准煤/米$^2$土地）10 倍，而中国华北地区的北京、天津、河北、山西、山东五省（市）平均单位面积煤炭使用量高达 1 762 克标准煤/米$^2$土地[3]，东南沿海的上海、江苏、浙江、福建、广东五省（市）平均单位面积煤炭使用量高达 1 479 克标准煤/米$^2$土地。

---

① 资料来源：《BP 世界能源统计年鉴（2012）》。
② 资料来源：《中国统计年鉴（2012）》。
③ 资料来源：《中国能源统计年鉴（2012）》。

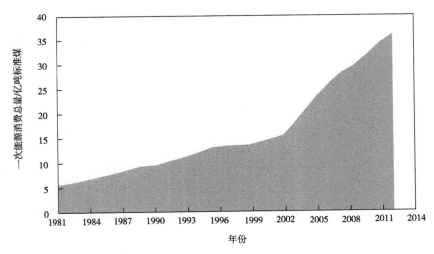

图 5　1981~2012 年中国一次能源消费总量

　　能源消费总量的快速增长和长期以煤为主的能源结构给中国带来了严重的问题，使得中国付出了高昂的代价，成为绿色发展的重大障碍。回顾中国经济发展的历程，总体上仍具有"以牺牲环境换取经济增长"的特征。随着全面建成小康社会进程和实现"两个一百年"目标进程的加快，能源开发利用势必会面临更严峻的挑战，这是未来中国进行能源变革首要考虑的问题。

　　首先，化石能源燃烧特别是煤炭消费给中国带来了严重的常规污染物排放和生态环境问题，能源生产和消费造成的各类污染物均居世界第一，二氧化硫、氮氧化物、$PM_{2.5}$、重金属等污染物，已经成为威胁人民健康和生命安全的主要杀手。2012 年年底到 2013 年年初中国空前的大范围的阴霾覆盖了 167 万平方千米，影响到 6.6 亿人口，持续近 20 天，煤炭燃烧排放是其重要成因，中国受雾霾污染严重的地区与煤炭燃烧强度大的地区是基本重合的。表 2 是 2015 年 $PM_{2.5}$ 浓度最高的 15 座主要城市。

表 2　2015 年 $PM_{2.5}$ 浓度最高的 15 座主要城市（单位：微克/米$^3$）

| 排名 | 城市 | $PM_{2.5}$年平均浓度 |
| --- | --- | --- |
| 1 | 保定 | 107 |
| 2 | 郑州 | 96 |
| 3 | 淄博 | 92 |
| 4 | 安阳 | 92 |
| 5 | 邯郸 | 91 |
| 6 | 济南 | 90 |
| 7 | 石家庄 | 89 |

续表

| 排名 | 城市 | PM$_{2.5}$年平均浓度 |
|------|------|------|
| 8 | 枣庄 | 88 |
| 9 | 平顶山 | 88 |
| 10 | 焦作 | 87 |
| 11 | 唐山 | 85 |
| 12 | 北京 | 81 |
| 13 | 济宁 | 81 |
| 14 | 三门峡 | 75 |
| 15 | 开封 | 74 |

资料来源：《中国环境统计年鉴 2016》

其次，以煤为主的能源结构是中国成为全球最大的温室气体排放国的重要原因。如图 6 所示，2012 年中国一次能源消费总量与美国接近，2011 年一次能源消费中，中国煤炭、石油及天然气比例为 68.4%、18.6%和 5.0%，而美国为 37.9%、28.4%和 22.4%，造成中国的温室气体排放总量比美国高出近 70%，接近欧盟和美国之和。

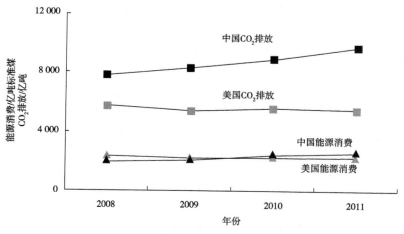

图 6　中美一次能源消费总量和 CO$_2$ 排放比较

最后，中国面临能源生产安全和供应安全问题。2011 年中国煤炭产量已达 35 亿吨，超出了科学产能的供应能力，接连引发安全生产问题、土地沉降问题，并受生态环境容量和水资源的硬约束[11]。石油对外依存度超过 50%，高于美国石油进口的比例，而且大量石油来自北非、中东等局势动荡地区，为中国的能源安全带来严峻挑战。2011 年中国人均能源消费 2.7 吨标准煤，为同年美国的 1/4、英国的 3/5。

结合中国"到 2020 年经济总量比 2010 年翻一番、到 2050 年前后达到中等发达国家水平"的长期经济发展目标，当前中国还处于社会转型时期，快速工业化和城镇化进程、资源相对不足及环境承载力弱是当前阶段的基本国情。虽然未来工业能耗增速可能放缓，但交通、建筑等民用及生活能源的需求将随人们收入和生活水平的提高而迅速增长，导致未来一段时间内能源消费还将持续增加，上述问题会随之进一步加剧，成为制约中国经济与社会发展的突出瓶颈。中国亟须实现能源的清洁化、低碳化变革，逐步摆脱对传统化石能源消费的依赖，缓解能源过度消费所带来的生态与环境问题，在最小的经济和社会损耗的情况下，完成中国工业化、城镇化和现代化建设的全过程。

### （二）不同的战略选择决定未来的发展方向

未来中国不同的战略选择决定发展模式和发展路径。图 7 显示了中国到 2020年不同节能强度下的能源消费总量情景，延续"十一五"末期的单位 GDP 能耗强度，或单位 GDP 能耗强度分别下降 20%、25%、30%，以及将能耗控制在 40 亿吨标准煤以内，中国面临的将是截然不同的能源生产供应需求，这与能源消费方式息息相关。

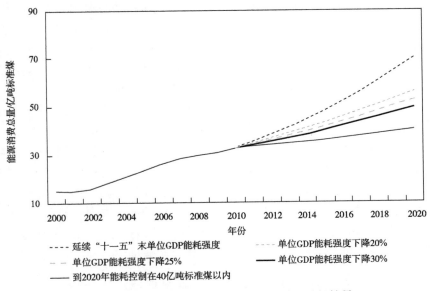

图 7　不同能耗强度下中国未来的能源消费总量情景

在能源生产与供应方式方面，如果未来十几年中国延续"十一五"的发展趋势，每年增加 1.5 亿~2.0 亿吨燃煤供应，到 2025 年将达到 60 亿~65 亿吨，使得中国面临不可承受的环境代价；如果停止燃煤供应的增加，将煤炭消费维持在 40亿吨左右，同时减少小煤炉等分散低效利用方式，加强煤炭的合理利用，虽然不能起到降低温室气体排放的作用，但可有效缓解环境污染；如果每年能减少 1 亿吨左右的煤炭使用，到 2025 年煤炭消费总量降低到 20 亿吨，则中国面临的环境和污染问题可大大缓解，这依赖于能源结构的根本性变化，需要中国努力发展清洁能源，积极加强国际能源合作，构筑全球能源安全，依靠全球化，从根本上解决能源供应问题。

能源消费方面，不同的生活方式会带来巨大的能源需求差别。目前中国的人均电力消费和能源消费都远低于发达国家，能源需求正随着城镇化过程和人们生活水平的提高而不断增长。未来人们的生活方式决定着能源需求，哪怕中国未来实现日本和欧洲的发展模式，在人均 6 吨标准煤和 8 000 千瓦时的电力消耗下实现现代化，达到较为稳定的能源消费水平，也需要约 80 亿吨标准煤的能源供应和约 30 亿千瓦的电力装机容量，这分别相当于 2010 年的 2.5 倍和 3.0 倍；如果中国能以人均 4 吨标准煤和 5 000 千瓦时的电力消耗实现现代化，则需要约 55 亿吨标准煤和 20 亿千瓦的电力装机容量，是中国有可能承受的能源需求。因此，中国既不可能实现美国、加拿大的"奢侈型"生活方式，也很难实现日本和欧洲国家的"全面满足型"生活方式，很难维持原有的"需求决定能源消费，节能降低能源需求"的能源使用方式，而应努力从可能获得的能源供应总量出发，在不超过这个供应总量的前提下，确定工业生产、建筑运行和交通等各个部门的能源总量与能耗指标，各部门考虑最适宜的技术和生产生活方式，兼顾公平与效率，实现经济发展与人民生活水平的提高。这样的思路与途径截然不同于以往发达国家的发展历史，需要中国走出一条不同于人类以往经验的现代化之路。

中国当前的能源生产供应格局以及发达国家的发展历史显示，无论是能源生产与供应过程还是能源消费方式的转变，都很难自然而然地实现，而需要通过强有力的干预措施促使其发生和发展，即用生态文明的理念指导发展。这主要包括以下内涵：第一，在全社会树立尊重自然、顺应自然和保护自然的生态文明理念；第二，推动资源及能源利用方式的根本转变，把资源及能源利用、经济社会发展和生态环境作为统一整体加以考虑，寻求人与自然的和谐发展；第三，改变发展观念，倡导及形成绿色低碳的生活方式和适度消费的理念；第四，实现制度创新，推动政府、企业、社会共同参与到环境保护和节能减排中。

### （三）中国具备实现能源变革的机遇和条件

中国当前的发展阶段、能源现状及国内外环境为中国推动能源变革提供了难得的机遇和条件。

首先，中国当前正处于经济转型的战略机遇期，传统的高投入、高消耗、高排放的经济增长模式将难以为继，更无法为经济持续增长提供持久动力，未来只有转变发展思路，推动能源变革，并大力实施低碳发展战略，才能寻找到新的经济增长点，为经济的持续增长注入新的活力，企业也将因此而获得长期收益，并带动其核心竞争力的大幅提升。全社会就此达成共识，形成了政府强力推动、企业积极响应和全社会参与的局面。

其次，2016 年中国能源消费约占世界总量的 23%，而 GDP 不到世界总量的 20%，交通、建筑人均能耗还远低于发达国家，未来能源还有较大的增长空间，因此在能源使用模式方面具有很强的可塑性，通过技术、体制和机制上的创新，利用后发优势，可走出与发达国家不同的发展模式，实现能源供应方式和终端能源的消费模式的变革，推动新的文明形态的发展。

再次，全球的低碳能源进程加快，欧盟倡导的可再生能源革命、美国主导的页岩气革命，以及 CCS、氢能源、新兴核电技术等近年来一批新的能源技术发展，为能源生产的变革提供了经验，为中国的能源变革提供了良好的国际环境。若能融入世界能源革命的大潮之中，改变能源以国内为主的方式，大力发展可再生能源、核能等低碳能源，到 2030 年左右，中国单位能源的碳强度可以下降 50% 以上，实现能源转型。

最后，国内民众对生存环境、污染状况和健康生活日益关注，特别是重大环境事件陆续出现后，人民群众对环境治理的关注度大大增加，践行节能、低碳与环保行动意愿空前高涨，为推动能源变革、建设生态文明奠定了广泛的社会基础。

## （四）中国建设生态文明和实现能源变革的建议

要建设生态文明，转变发展方式，在完成工业化和城镇化的同时实现能源变革，中国需要技术、体制和机制上的创新，从能源生产和供应过程、能源的消费过程以及人的消费行为方面，努力实现以下基本任务。

（1）中国能源生产和供应的过程中最重要的任务是优化能源结构，其核心是改变以煤为主的能源结构，构筑以清洁化和低碳化为特征的能源供应体系。

长期来看，首先应尽快制定明确的发展目标和发展战略，顺应世界能源变革的发展潮流，逐步减少对煤炭的依赖，到 2050 年将煤炭占一次能源的比例降低到世界平均水平，解决能源约束瓶颈，并逐步摆脱对传统化石能源的依赖，缓解能源过度消费带来的生态环境问题。其次，在新的能源技术方面加强投入，加速开发与应用其他能源种类，同时推动科技创新与发展。最后，积极担负能源大国责任，融入世界能源市场，促进能源技术全球化，与其他国家一道，共同建立保障全球能源安全的供应体系。

近中期方面，将治理以 $PM_{10}$、$PM_{2.5}$ 为特征污染物的区域性大气环境作为抓手，严格限制煤炭消费的增长，城市密集地区应尽快实现煤炭消费负增长。在现有的煤炭供应水平基础上，应加强煤炭的集中和综合、高效利用，从而提高利用效率，便于实行清洁化处理，应逐步控制和减少小煤炉等低效利用方式，严格控制煤制气的发展规模。加快天然气价格改革，改革现有的天然气市场管理机制，扩大其供应渠道，推进天然气的快速发展。

（2）针对能源消费过程推动能源效率的革命，提高中国的能源产出率，降低单位 GDP 能耗，一方面通过技术进步大幅度提高能源技术效率，另一方面通过转变增长方式，提高能源利用的经济效率和服务效益。

对中国庞大的能源消费体系进行改革是一个长期的过程，需要尽早做好道路选择和顶层设计。应按照到 2050 年中国全面实现现代化的要求，综合设计与之适应的工业化、城乡发展、建筑、交通的发展体系，构筑能源消费体系方式的发展蓝图，从整体上建立节能高效、符合绿色、低碳、循环的社会体系。此外，对与能源环境相关的重大项目、技术和工艺路线，充分考虑国际标准和未来的发展趋势，开展严格的战略环评和管理，避免仓促上马。

（3）完成中国能源变革的核心要素在于转变发展观念和消费观念，要以总量目标为手段，对各个行为主体进行约束，实现政府、企业和社会共同参与，通过生态文明建设推动全社会实现能源生产和消费的变革。

首先，应控制能源消费总量，特别是严格控制煤炭的消费总量，力争到 2020 年达到煤炭消费峰值并开始逐步下降，在中国可能获得的能源供应"天花板"下，以较小的能源弹性系数来支撑经济发展，合理配置工业、建筑和交通等部门的能源需求，构筑以"绿色、低碳、循环"为理念的能源消费体系。其次，应科学合理地控制城镇建设规模和建筑面积，将建筑总面积控制在 600 亿平方米以内，将人均面积控制在日本、韩国等亚洲发达国家的水平（40~45 米$^2$/人），避免人均面积达到美国水平带来的高能源环境代价和高额维护成本，严格限制大拆大建，控制建设速度和水平，当城镇建设基本完成后实现建材业和建筑工业"软着陆"。再次，应适度控制机动车的增长速度，逐步转变小汽车使用者对出行方式选择的传统观念，抑制私人小汽车出行的过度膨胀，提高公共交通的出行分担率，实现交通运输资源的有效配置。最后，管理部门应扭转观念，要有细致研究问题的态度，要有全面论证找出合理解决方案的耐心，要有认真实践解决问题的决心，要有直面困难、付诸行动的勇气。

# 参 考 文 献

[1] Johansson T B，Nakicenovic N，Patwardhan A，et al. Global Energy Assessment：Toward a Sustainable Future[M]. New York：Cambridge University Press，2012.

[2] BP. BP statistical review of world energy[R]，2013.

[3] BP. BP statistical review of world energy[EB/OL]. http://www.bp.com/en/global/corporate/about-bp/energy-economics/statistical-review-of-world-energy.html，2015-06-10.

[4] 肖璐，范明. 美国教育投资与经济增长：基于菲德模型的实证考察[J]. 中国科技论坛，2011，（12）：143-148.

[5] 白韫雯，杨富强. 美国治理 $PM_{2.5}$ 污染的经验和教训[J]. 中国能源，2013，（4）：15-20.

[6] 国家发展和改革委员会. 中国应对气候变化的政策与行动 2012 年度报告[R]，2012.

[7] 杜祥琬. 气候的深度——多哈归来的思考（上）[N]. 中国科学报，2013-02-06.

[8] 世界银行. 世界银行在线数据库[EB/OL]. http://data.worldbank.org/indicator/EG.USE.ELEC.KH.PC/countries?display=default，2013-03-01.

[9] Gottron F. Energy efficiency and the rebound effect：does increasing efficiency decrease demand?[R]. CRS Report for Congress，2001.

[10] Herring H. Does energy efficiency save energy：the implications of accepting the Khazzoom-Brookes postulate[R]. Draft 3，EERU，the Open University，1998.

[11] 中国工程院项目组. 中国能源中长期（2030、2050）发展战略研究（综合卷）[M]. 北京：科学出版社，2011.

# 专题二　工业文明带来的进步和危机

## 摘　　要

工业文明为人类发展注入了前所未有的强劲动力，社会生产力飞速提升，生产效率不断提高，财富不断积累，社会各个方面都有长足的进步，同时也引发了严重的生态危机。我国在工业化进程中，社会、经济、生态环境各方面有了巨大的转变，但是资源环境承载力也接近甚至超过了阈值。

目前，我国主要污染物总体排放量超过环境容量，生态承载力供需严重失衡，沿海城市地区表现尤为突出。随着城市化进程的不断加快，这些地区空间生态不平衡性将更加严重。

（1）我国工业废水排放量总体有所下降，生活污水排放量快速增长；水环境污染仍较为严重，地下水污染严重，饮用水安全受到威胁。我国海洋环境状况总体较好，但部分近岸海域水体污染、生态受损问题依然突出。

（2）我国土壤污染面积在不断扩大，污染物类型不断增多，种类叠加、浓度提高，影响到食物安全、饮用水安全、生态安全和人居环境安全。随着工业化和城市化的进一步推进，土壤污染和退化问题呈现出明显的多元性、多样性、复合性，土壤环境保护的滞后性凸显出来。耕地土壤污染面积大，复合型土壤污染非常严重。

（3）我国大气污染正由煤烟型污染转变为煤烟型与机动车尾气污染共存的大气复合污染。具有明显的局地污染和区域污染相结合、污染物之间相互耦合的特征。空气中 $PM_{2.5}$、臭氧等新型污染物影响显现。大气环境形势总体上进入了多物种共存、多污染源叠加、多尺度关联、多过程演化、多介质影响为特征的复合型大气污染阶段。我国中东部地区长时间、大范围、反复出现灰霾污染，$PM_{2.5}$ 已成为城市空气首要污染物。

（4）固体废弃物产生量快速增加，处理水平仍然偏低，处理过程中二次污染现象严重。工业危险废弃物产生量增长显著。农村生活垃圾基本得不到处理，严重污染环境和影响交通安全。

（5）当前我国环境与健康问题呈现如下特点：复合型污染严重，污染范围广，暴露人口多，暴露时间长，污染物暴露水平高，历史累积污染对健康影响短时间内难以消除。城乡差异显著，大气污染是我国城市地区面临的主要环境与健康问题，而水污染和土壤污染则是农村地区面临的主要问题。目前我国处于经济发展环境成本上升阶段，环境退化成本和直接物质投入上升明显。

（6）工业文明进程中，农村面临着水资源短缺，面源污染，耕地资源短缺，化肥、农药使用量严重超标与土壤污染的问题。

（7）我国已经成为温室气体排放第一大国，人均排放量也已超过全球平均水平，近百年我国地表平均气温升高了 1.1℃，其中北方地区增温最为明显。我国大部分地区冰川面积缩小了 10% 以上，多年冻土的面积减小，活动层厚度增加。近30 年来我国近海海水温度呈上升趋势，快于全球平均。气候变化对我国农业的影响利弊共存，以弊为主，对水资源的时空分布产生了一定影响，北方河流的实测径流量减少明显。

（8）气候变暖导致我国灾害性天气气候事件的强度与频率发生变化，造成严重的人员和财产损失，未来全球大多数陆地地区极端气候与自然灾害事件的频率和强度很可能会增加。在全球气候持续变暖和我国气候环境作用下，我国的生态和环境形势将会十分严峻，各种极端天气气候事件频繁发生，破坏程度越来越强，影响越来越复杂，应对难度越来越大。

（9）气候变化对我国的生态环境造成了较大影响，生态系统的脆弱性增强，主要表现为土地荒漠化、水土流失、草地退化、水资源短缺、水环境污染、森林和湿地退化等问题。未来，随着全球气候继续增暖，一些地区对变暖的响应会更加敏感，气候变化造成的我国脆弱地区将会增多。

工业文明带来了社会的巨大发展，同时带来了严重的生态危机，进步与危机是辩证统一的。但是生态危机并不是工业文明的必然后果。全球性生态危机的生态学实质是物质代谢在时间与空间尺度上的滞留与耗竭（物）；　生境演化在结构与功能耦合上的破碎与板结（境）；事理运筹在体制与信息馈合上的分割与断缺（事）；人类行为在局部和整体关系上的近视与自私（人）。发达国家环境治理的经验也表明，通过体制改革和技术创新，综合运用法律、经济、行政、技术和教育等各种手段，可以缓解生态危机。正在进行工业化的国家要吸收发达国家"先污染后治理"的历史教训和环境治理的经验，借鉴发达国家先进的科学技术和管理理念及经验，寓环境保护于经济社会发展之中，走新型城市化、工业化道路，推进生态文明建设，切实落实"五位一体"发展布局，减轻经济发展带来的生态环境影响，甚至避免生态危机的出现。

## 一、工业文明给人类社会带来的变化

工业文明为人类发展注入了前所未有的强劲动力，社会生产力飞速提升，生产效率不断提高，财富不断积累；生产方式日益机械化、规模化、信息化、智能化，劳动分工日益精细，组织管理日益集中；人类的生活资料日益丰富，基础设施日益完善，生活质量大幅提高；社会面貌极大改观，科技、教育、医疗、社会保障、文化等社会各个方面都有长足的进步。

在人类享受着工业文明胜利果实的时候，全球性的生态危机给人类敲响了警钟，主要包括：①环境污染；②生态破坏；③资源、能源过度消耗，全球性资源、能源短缺；④生物多样性下降；⑤臭氧层空洞；⑥全球变暖。

工业文明带来了社会的巨大发展，同时带来了严重的生态危机，进步与危机是辩证统一的。但是生态危机并不是工业文明的必然后果。政府体制条块分割、环境管理与经济发展脱节、生产与消费分离、认知支离破碎、科学还原论主导、决策就事论事，导致资源代谢在时间、空间尺度上的滞留和耗竭，系统耦合在结构、功能关系上的破碎和板结，社会行为在局部、整体关系上的短见和反馈机制的缺损，从而导致了生态危机的出现。发达国家环境治理的经验也表明，通过体制改革和技术创新，综合运用法律、经济、行政、技术和教育等各种手段，可以缓解生态危机。正在进行工业化的国家要吸收发达国家"先污染后治理"的历史教训和环境治理的经验，借鉴发达国家先进的科学技术和管理理念及经验，寓环境保护于经济社会发展之中，走新型城市化、工业化道路，推进生态文明建设，切实落实"五位一体"发展布局，减轻经济发展带来的生态环境影响，甚至避免生态危机的出现。

生产过剩、生活过度、生态过限已成为工业文明的通病。全球性生态危机的生态学实质是物质代谢在时间和空间尺度上的滞留与耗竭（物）；生境演化在结构和功能耦合上的破碎与板结（境）；事理运筹在体制和信息馈合上的分割与断缺（事）；人类行为在局部和整体关系上的近视与自私（人）。

## 二、工业文明给中国社会带来的进步

新中国成立初期，中国就开始了工业化的进程，经过了六十多年的发展，中国社会、经济、生态环境各方面有了巨大的转变。

社会生产力与生产效率不断提升；农业机械化推进，推动农业生产力提升；农业生产力提升释放农村劳动力，剩余劳动力反哺工业发展；低能耗生产力和清洁生产力增加；劳动者素质不断提高，由体力劳动转向脑力劳动；产业结构不断调整，市场经济体制建立，城乡二元社会结构不断弱化。人民生活资料日益丰富，收入与生活水平稳步提升；文化、教育、科技、卫生等各项事业不断进步；信息进一步公开与社会保障体系建设完善。

社会进步促进生态文明意识提高，经济和科技的发展反哺生态。科技进步促进资源环境承载力提升；经济发展支持生态建设工作；在社会、经济、自然三者对立统一的矛盾的演化中，人们对天人关系的认识螺旋式上升。

## 三、工业文明进程中城市与工矿生态风险

### （一）水污染

（1）中国工业废水排放量持续下降，生活污水排放量快速增长（图1）。

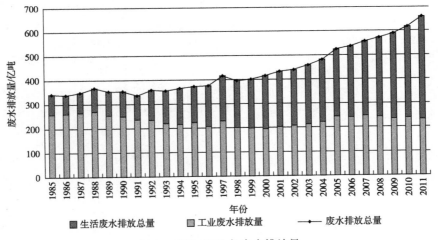

图1　1985~2011年废水排放量
资料来源：《中国统计年鉴》《中国环境统计年鉴》

（2）水环境污染仍较为严重。

从污染特征来看，中国处在有机污染尚未根本解决，营养物污染和重金属、持久性有机污染物等有毒有害物质污染同时并存阶段（图2、图3）。

（3）水质总体较差，地下水污染严重。

中国水污染问题呈现出从局部到区域、流域，从单一污染到复合型污染，从隐性危害向显性危害，从地表水到地下水的"图景"。经历了水质恶化、水质稳定、略有好转三个阶段（图4、图5）。

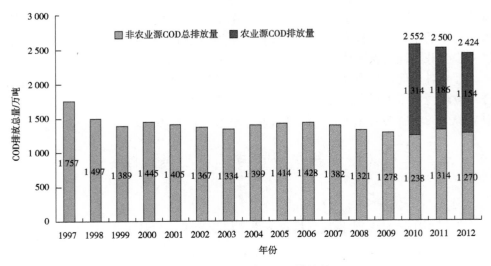

图 2　1997~2012 年 COD 排放量

自 2010 年起环境统计中增加了农业源的污染排放统计，包括种植业、水产养殖业和畜禽养殖业排放的污染物；
另外还增加了集中式污染治理设施的排放情况，是指生活垃圾处理厂（场）和危险废物（医疗废物）
集中处理（置）厂垃圾渗滤液/废水及其污染物的排放量
资料来源：《中国环境统计年报》《中国统计年鉴》

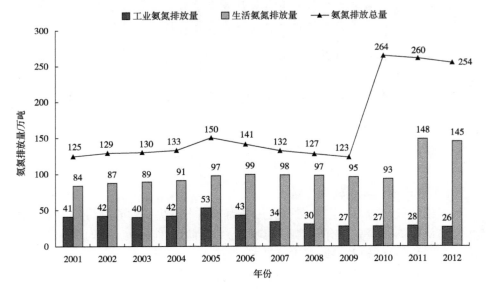

图 3　2002~2012 年氨氮排放量

资料来源：《中国环境统计年报》《中国统计年鉴》

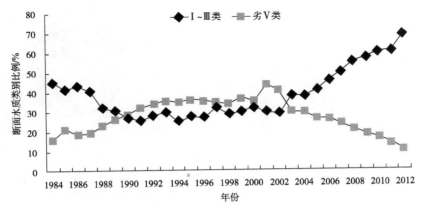

图4  1984~2012年地表水水质变化趋势
资料来源:《中国环境状况公报》

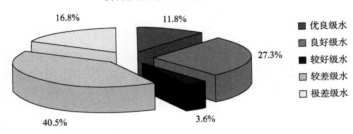

图5  全国地下水水质状况
资料来源:《中国环境状况公报》

（4）饮用水安全受到威胁。

（5）中国海洋环境状况总体较好，但部分近岸海域水体污染、生态受损问题依然突出。

## （二）土壤污染

（1）土壤污染特征。中国的土壤污染面积在不断扩大，污染物类型不断增多，种类叠加、浓度提高，影响到食物安全、饮用水安全，生态安全和人居环境安全，并随着工业化和城市化的进一步推进，土壤污染和退化问题呈现出明显的多元性、多样性、复合性，土壤环境保护的滞后性凸显出来。

（2）耕地土壤污染面积大，复合型土壤污染非常严重（图6）。

## （三）能源消耗与大气污染

### 1. 大气污染物排放

（1）主要大气污染物排放量居世界首位，远超环境容量。

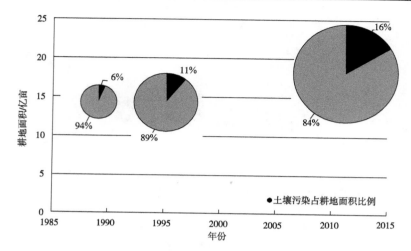

图6　被污染土壤占耕地面积比例

资料来源:《国家环境保护"十二五"规划基本思路研究报告》《中国环境状况公报》

（2）近30年中国煤炭消费量增长了4倍，2000年后煤炭消费量快速上升，大气中 $SO_2$ 排放量的90%、 $NO_x$ 排放量的67%、烟（粉）尘排放量的70%、 $CO_2$ 排放量的70%都来自燃煤（图7）。

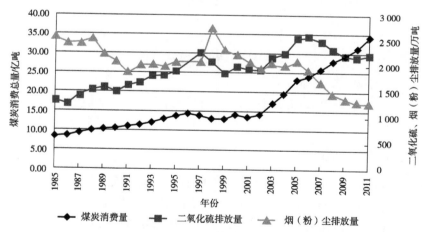

图7　1985~2011年中国煤炭消费量及主要大气污染物排放量

资料来源:《中国统计年鉴》

（3）中国工业占大气污染物排放量的比重较高，其中电力、热力的生产和供应业、非金属矿物制品业和黑色金属冶炼及压延加工业，对主要大气污染物排放贡献率最高（表1），城市交通和汽车产业也带来了严重的机动车尾气污染（图8）。

**表1　2011年重点行业主要污染物排放占工业排放量比例**（单位：%）

| 行业 | 二氧化硫 | 氮氧化物 | 烟（粉）尘 |
|---|---|---|---|
| 电力、热力的生产和供应业 | 47.5 | 66.7 | 21.0 |
| 非金属矿物制品业 | 10.6 | 16.2 | 27.1 |
| 黑色金属冶炼及压延加工业 | 13.3 | 5.7 | 20.1 |

资料来源：《中国环境统计年报（2011）》

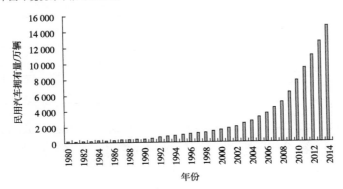

图8　1980~2014年中国民用汽车拥有量增长趋势
资料来源：《中国汽车工业年鉴》

### 2. 中国大气污染特征与现状

（1）区域性、复合型大气污染严重。

中国大气污染正由煤烟型污染转变为煤烟型与机动车尾气污染共存的大气复合污染；具有明显的局地污染和区域污染相结合、污染物之间相互耦合的特征；空气中 $PM_{2.5}$、臭氧等新型污染物影响显现、酸雨污染加重蔓延；大气环境形势总体上进入了多物种共存、多污染源叠加、多尺度关联、多过程演化、多介质影响为特征的复合型大气污染阶段。

（2）全国酸雨污染仍然较重。

（3）中国中东部地区长时间、大范围、反复出现灰霾污染，$PM_{2.5}$ 已成为城市空气首要污染物。

### （四）废弃物污染

（1）固体废弃物产生量快速增加，处理水平仍然偏低。

（2）工业危险废弃物产生量增长显著（图9）。

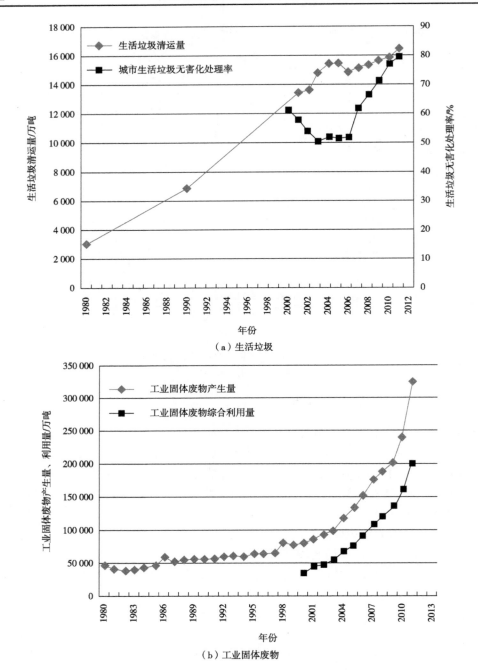

（a）生活垃圾

（b）工业固体废物

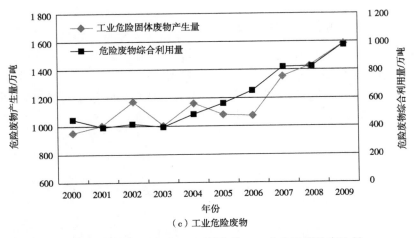

图9 历年生活垃圾、工业固体废物、工业危险废物产生量

资料来源：《中国统计年鉴》《中国环境统计年报》

（3）垃圾无害化处理率和综合利用率不断提升，但是与世界主要国家相比，中国垃圾处理水平仍较低，处理过程中二次污染现象严重。

（4）农村生活垃圾基本得不到处理，严重污染环境和影响交通安全。

### （五）环境污染事件频发，环境管理水平滞后

（1）当前，中国已经进入环境污染事件高发期，近年来突发环境事件次数居高不下且有增长趋势。

（2）环境事件对公众健康、社会稳定、经济发展甚至外交局势已造成重大影响（表2）。

**表2 2007~2011年突发环境事件统计**

| 年份 | 突发环境事件次数/次 | 直接经济损失/万元 | 按事故程度分/次 | | | |
|---|---|---|---|---|---|---|
| | | | 特别重大环境事件 | 重大环境事件 | 较大环境事件 | 一般环境事件 |
| 2007 | 462 | 3 016.5 | 1 | 9 | 11 | 434 |
| 2008 | 474 | 18 185.6 | 0 | 12 | 41 | 421 |
| 2009 | 418 | 43 354.4 | 2 | 2 | 6 | 2 121 |
| 2010 | 420 | | 0 | 3 | 12 | 405 |
| 2011 | 542 | | 0 | 12 | 12 | 518 |

资料来源：《中国环境统计年报》

（3）环境事件频发一是过去环境问题积累的结果，二是环境管理水平滞后。

### （六）环境污染的健康影响

当前中国环境与健康问题呈现如下特点：

（1）复合型污染严重，污染范围广，暴露人口多。

（2）人群暴露时间长，污染物暴露水平高，历史累积污染对健康影响短时间内难以消除（图10）。

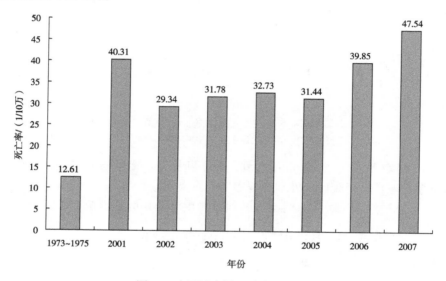

图10　中国城市居民肺癌死亡率

（3）城乡差异显著，大气污染是中国城市地区面临的主要环境与健康问题，而水污染和土壤污染则是农村地区面临的主要问题。

（4）基础卫生设施不足导致的传统环境与健康问题还没有得到妥善解决的同时，工业化、城市化进程带来的环境污染与健康风险逐步增强。

（5）大气污染与水污染造成的健康损失较严重。

（6）目前中国处于经济发展环境成本上升阶段，环境退化成本和直接物质投入上升明显。

（7）生态破坏损失主要分布在西部地区，环境退化成本主要分布在东部地区。污染型缺水和大气污染造成的健康损失中环境退化成本的比例升高。

### （七）生态承载力

目前，中国主要污染物排放已远超环境容量，生态承载力供需严重失衡，沿海城市地区表现尤为突出。随着城市化进程的不断加快，这些地区空间生态不平衡性将更加严重。

## 四、工业文明进程中农村与自然生态风险

### （一）水资源、水污染

（1）中国人均水资源量有逐年降低的态势，水资源分布的地区差异较大，水资源紧缺的问题较突出。1997~2011年水资源总量与人均水资源量如图11所示。

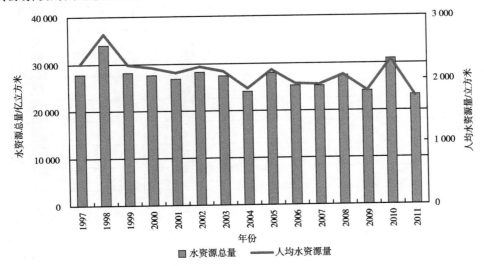

图11　1997~2011年水资源总量与人均水资源量

资料来源：《中国水资源公报》

（2）水污染防治方面，目前中国水体环境的污染源主要包括工业废水、生活污水和农业面源污染三大类。

（3）地表水体质量达标率不高，地下水的污染问题则更为严重（图12）。

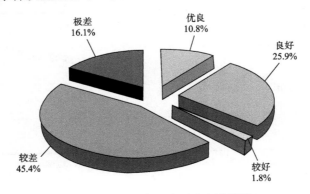

图12　2014年全国地下水水质状况

## （二）土地资源、面源污染

（1）中国耕地资源短缺，耕地数量逼近 18 亿亩红线。

（2）中国土壤污染呈日趋加剧的态势。

（3）中国化肥、农药的使用量严重超标，是导致污染和全国环境质量不断退化的主要影响因素（图 13、图 14）。

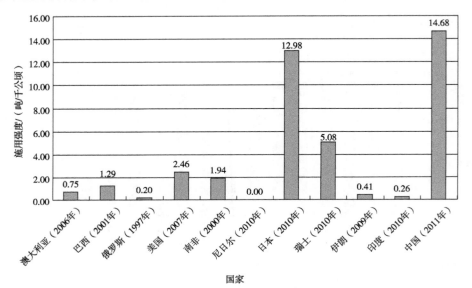

图 13　农药施用强度国际比较

资料来源：联合国粮食及农业组织数据库，http://faostat.fao.org/，2013-04-29；世界银行数据库，
http://data.worldbank.org.cn/indicator/AG.LND.ARBL.HA，2013-04-30；《中国统计年鉴（2012）》

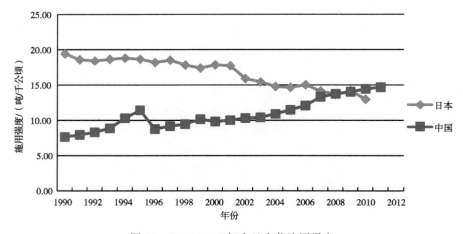

图 14　1990~2010 年中日农药施用强度

（4）近年来，随着生态建设、保护工程的实施，全国森林面积持续增长，森林覆盖率稳步提升（图15）。

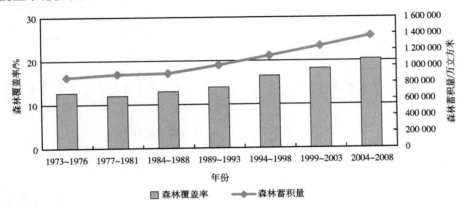

图 15　1973~2008 年七次森林资源清查数据结果

资料来源：《全国森林资源清查数据》

## （三）矿产资源、大气污染

（1）虽然中国能源利用效率不断提高，但人均能源消费总量却在日益攀升，全国能源消费总量屡创新高（图 16~图 18）。

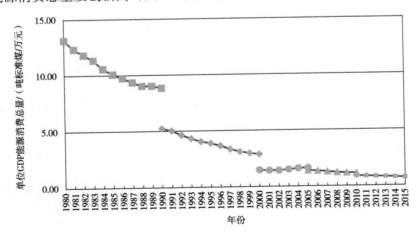

图 16　1980~2015 年单位 GDP 能源消费总量

根据《中国能源统计年鉴（2016）》公布的数据，1990 年、2000 年、200 5 年、2010 年这四年的单位 GDP 能源消费总量均有两个数值，乃是根据不同的 GDP 算法计算得出。1980~1990 年 GDP 按 1980 年可比价格计算，1990~2000 年 GDP 按 1990 年可比价格计算，2000~2005 年 GDP 按 2000 年可比价格计算，2005~2010 年 GDP 按 2005 年可比价格计算，2010~2015 年 GDP 按 2010 年可比价格计算

资料来源：《中国能源统计年鉴（2016）》

（2）化石能源的利用是造成全球变化与环境污染的关键因素。

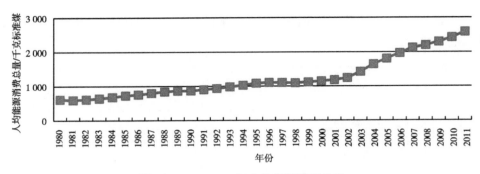

图 17　1980~2011 年人均能源消费总量
资料来源:《中国能源统计年鉴》

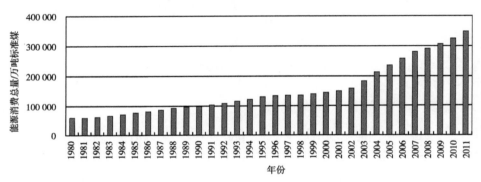

图 18　1980~2011 年能源消费总量
资料来源:《中国能源统计年鉴》

（3）开发利用可再生能源，已成为国际上大多数国家的战略选择，并成为应对气候变化的重要措施。

（4）全球能源危机也日益迫近，而从世界范围看，今后相当长时期内，煤炭、石油等化石能源仍将是能源供应的主体。

## （四）资源承载力

（1）资源承载力内涵:资源承载力是指一个国家或地区资源的数量和质量对该空间内人口的基本生存和发展的支撑力，是可持续发展的重要体现。

（2）资源能源短缺已成为制约中国经济社会持续发展的重要因素之一。1980~2011 年总人口和人口自然增长率变化如图 19 所示。

## （五）新型城镇化道路建议

（1）提倡城镇化，进一步有序加快推进城镇化，转移农村剩余劳动力。

（2）农村土地集约化，继续完善农村土地流转政策。

（3）支持农机工业技术改造，充分发挥农业机械集成技术，推动农业规模

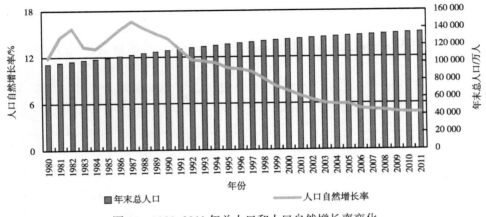

图 19　1980~2011 年总人口和人口自然增长率变化

资料来源:《中国统计年鉴》

经营，提高土地资源的集约化利用。

（4）加大农业领域科技投入力度，通过科技创新，改善化肥、农药质量，降低其对土地资源的破坏性，推进农业清洁生产，引导农民合理使用化肥农药。

（5）积极推广精量播种、化肥深施、保护性耕作等技术，加强农村沼气工程和小水电代燃料生态保护工程建设。

（6）加快农业面源污染治理和农村污水、垃圾处理，改善农村人居环境。

（7）优化农田格局，在保证农产品稳定供给的基础上，不断优化农田格局，实现土地轮耕、轮休，尽快扭转全国土地质量"局部好转，整体恶化"的态势。

## 五、工业文明进程中区域与全球生态风险

### （一）温室效应与全球变化

#### 1. 全球温室效应与全球变化

温度升高：1880~2012 年全球地表平均温度约上升了 0.85℃，增暖程度北半球高于南半球，冬半年高于夏半年，陆地高于海洋。

海平面上升：1900 年以来全球平均海平面上升速度约为每年 1.7 毫米，1993~2010 年上升速度为每年 3.2 毫米。

大气 $CO_2$ 浓度增加：自 1750 年以来，大气中 $CO_2$ 浓度增加了大约 40%，气溶胶浓度的变化有很大的区域性。

### 2. 中国的气候变化

（1）中国已经成为温室气体排放第一大国，人均排放量也已超过全球平均水平。

（2）中国的升温趋势与全球基本一致。近百年中国地表平均气温升高了1.1℃，其中北方地区增温最为明显（图20）。

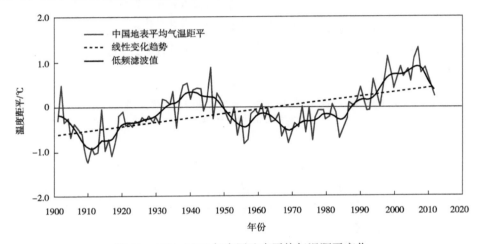

图20　1901~2012年中国地表平均气温距平变化

资料来源：《中国气候变化监测公报（2012）》

（3）自20世纪50年代以来，中国大部分地区冰川面积缩小了10%以上；多年冻土的面积减小，活动层厚度增加。

（4）近30年来中国近海海水温度呈上升趋势，快于全球平均。

（5）气候变化对中国农业的影响利弊共存，以弊为主。对水资源的时空分布产生了一定影响，北方河流的实测径流量减少明显。

### 3. 气候变化预测

IPCC预计，到21世纪末：

（1）全球地表平均温度可能升高1.1~6.4℃，其中以陆地和北半球高纬地区增暖最为显著。

（2）中高纬地区降水可能增加，大多数热带和副热带大陆地区的降水量可能减少。

（3）目前气候变化的影响已经逐步显现，预计未来影响会更加严重，气候变化将对中国自然和社会经济系统产生更为深远的影响及风险。

## （二）极端气候与自然灾害

（1）随着全球气候变暖，极端天气气候事件发生的频率和强度均发生变化（图21）。

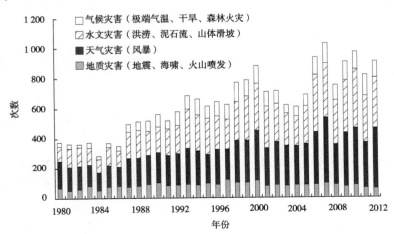

图 21 1980~2012 年全球重大自然灾害发生次数变化

资料来源：慕尼黑再保险公司

（2）气候变暖导致中国灾害性天气气候事件的强度与频率发生变化，造成严重的人员和财产损失（图22）。

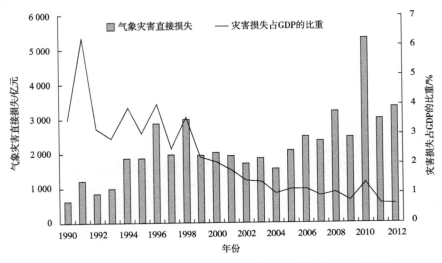

图 22 1990~2012 年中国气象灾害直接经济损失及其占 GDP 比重变化

资料来源：国家气候中心

（3）未来全球大多数陆地地区极端气候与自然灾害事件的频率和强度很可能会增加。

（4）中国是气象灾害多发的地区，在全球变暖、极端气候与自然灾害事件风险增加的背景下，需要加强对极端和灾害事件科学规律的认识及管理。

## （三）气候风险

（1）在全球气候持续变暖和中国气候环境作用下，中国的生态和环境形势将会十分严峻，各种极端天气气候事件频繁发生，破坏程度越来越强，影响越来越复杂，应对难度越来越大。

（2）随着未来经济总量和人口密集度的增加，中国气象灾害承载的脆弱性也在增加，对国家可持续发展带来很大威胁。

（3）根据资源环境承载能力、现有开发密度和发展潜力，统筹考虑未来中国人口分布、经济布局、国土利用和城镇化格局，对促进生态文明建设和区域可持续发展有重要意义。

总之，气候变化对中国的生态环境造成了较大影响，生态系统的脆弱性增强，主要表现为土地荒漠化、水土流失、草地退化、水资源短缺、水环境污染、森林及湿地退化等问题。未来，随着全球气候继续增暖，一些地区对变暖的响应会更加敏感，气候变化造成的中国脆弱地区将会增多。

## （四）生态系统服务退化

气候变化对中国的生态系统和生物多样性产生了可以辨识的影响：

（1）中国森林植被类型和物种的分布可能发生大范围迁移，林线上升，火灾、病虫害加剧，生产力增加。

（2）草地生态系统退化加剧、物候期变化、草地生产力随降水变化地域差异明显。

（3）内陆湿地面积萎缩，功能下降。

（4）荒漠生态系统的脆弱性增加。

（5）气候变化还影响到生物多样性、生态系统及景观多样性。

# 专题三　"发展方式"的概念和"转变发展方式"的内涵和战略意义

## 摘　要

本专题简单从目标、内容、抓手、推动力等方面剖析"转变发展方式"的内涵，指出中国"转变发展方式"具有的重要战略意义：一是中国实现"中国梦"和"两个一百年"目标的根本保障；二是探索人类发展新道路的重要尝试；三是中国参与全球治理的战略选择。

## 一、理解发展与"发展方式"

生存与发展是人类面临的永恒主题。近现代以来人类社会经济发展史，就是发展观演变史和"发展方式"的探索史。特别是第二次世界大战以后，世界各国对不同发展路径的探索，使人类对发展本质的认识不断深化。经济学理论和各国发展实践对发展的诠释，大致都经历了从简单的"经济增长"，到人的全面发展与全球可持续发展的认识演变。"经济发展方式""转变经济发展方式"等具有鲜明的中国实践特征的术语和提法，是中国"经济增长"内在特质，到"经济增长"应与社会协调发展，再到需要追求全球可持续发展的转变，发展的内涵从单纯的经济领域逐步扩展到非经济领域，由仅仅注重"经济增长"扩展到强调经济与社会、环境的协调发展。

### （一）"经济增长"与"经济发展"

中国著名经济学家吴敬琏最早对中国经济增长模式转变问题进行了系统全面的经济学分析，并一直呼吁深化改革、完善制度，实现"经济增长模式"的转变①。

---

①《中国经济增长模式抉择》的第一版于 2005 年出版，其后出版了第二版（2006 年）、第三版（2009 年）、第四版（2013 年）。此处参照的是第三版。

在其多次再版的专著《中国经济增长模式抉择》中，他首先对"经济增长"（economic growth）、"经济发展"（economic development）、"经济增长方式"、"经济增长模式"等基本概念进行了系统的梳理，并做出了准确的界定[1]。

一般而言，"经济增长"是指一个经济体所生产的物质产品和劳务在一个相当长的时期内的持续增长，也即是实际总产出的持续增长。美国经济学家 S. 库兹涅茨给"经济增长"下的定义为："一个国家的经济增长，可以定义为给居民提供种类日益繁多的经济产品的能力长期上升，这种不断增长的能力是建立在先进技术以及所需要的制度和思想意识之相应的调整的基础上的。"

在一般的经济学讨论中，"经济发展"是反映整个经济社会总体发展水平的综合性概念。一般来说，"经济增长"是一个量的概念，而"经济发展"则是一个比较复杂的质的概念。从广泛的意义上来讲，"经济发展"不仅包括"经济增长"，而且还包括国民的生活质量，以及整个社会经济结构和制度结构的总体进步。

"增长"与"发展"是两个既有区别又有联系的概念，从 20 世纪 70 年代起，新的"发展"概念被广泛采用。从"经济增长"到"经济发展"是一个认识与行动上渐进的过程。

可持续发展理论于 20 世纪 70 年代提出、80 年代形成、90 年代逐渐成为共识，是发展理论的重大突破和进展。该理论既强调保护环境资源，又强调"经济发展"，具有丰富内容：认为可持续发展是人类社会经济行为的伦理化；既鼓励人类经济活动，又强调不与环境保护对立；认为生态持续是基础，经济持续是条件，社会持续是目的，同时追求本代人之间的横向公平和世代人之间的纵向公平。

## （二）"经济增长方式"的概念与特点

### 1. 概念

"经济增长方式"是决定增长的各种要素的组合方式以及推动增长的方式，是实现增长的方法与模式，通常是指一个国家（或地区）"经济增长"的实现模式，包括推动"经济增长"的各种生产要素投入及其组合方式，以及实现"经济增长"而采取的途径、手段、措施和具体做法。

### 2. 特点

在生产要素质量、结构、使用效率和技术水平不变的情况下，依靠生产要素的大量投入和扩张实现"经济增长"，这种"经济增长方式"的实质是以数量的增长速度为核心。

### （三）"经济发展方式"的概念与特点

#### 1. 概念

"经济发展方式"是实现"经济发展"的手段、途径和模式，它不仅包含"经济增长方式"的经济要素组合方式，还包括经济结构、收入分配、居民生活、社会保障、资源利用、生态环境等领域改进的理念、思路、方法与体制机制的模式化的总和。

#### 2. 特点

与"经济增长方式"相比而言，"经济发展方式"更具综合考虑的、量质并重的特征；往往通过全面、协调、可持续来实现"经济增长"。"经济发展方式"反映生产力、生产关系、经济基础和上层建筑各自的特征及其相互关系，并表现为三个方面："经济发展"思想和观念；"经济发展"制度保障；"经济发展"基本结构关系。

### （四）方式的比较

#### 1. 理论上的区别与联系

"增长"是"发展"的主体或核心；与"经济增长方式"相比，"经济发展方式"更侧重于结构优化以及更广义层面上的改善的总和；广义上"增长"等同于"发展"；增长类型是"发展方式"的具体表现。

#### 2. 内容与特征上的区别与联系

"经济增长方式"与"经济发展方式"存在以下差别：视角、对象、指导观念与理论基础不同；划分依据、类型描述与衡量指标不同；推进动力与实现路径不同。

与"经济增长方式"相比，"经济发展方式"实现了从传统到现代、从旧有到创新、从不和谐到和谐、从不可持续到可持续的转变。传统的、旧的（增长）方式是指一组增长方式的集合：资本、劳动密集型的；政府驱动型的；外需拉动型的；投资驱动型的；出口带动型的；外延粗放型的。而现代的、新的（发展）方式是指另一组"发展方式"的集合：技术密集型的；市场导向型的：内需驱动型的；消费驱动型的；内涵集约型的。

### （五）"发展方式"的概念与内涵

#### 1. "发展方式"的概念

学术界尚未建立"发展方式"的权威、统一的概念。从广义上看，一般认为"发展方式"的本质就是财富的创造、分配和利用的方式，主要包括生产方式、生活方式和分配方式[2]。从狭义上看，"发展方式"是"经济发展方式"的简称，是指生产要素变化（包括数量增加、结构变化、质量改善等）、实现"经济增长"的方法和模式。

### 2. "发展方式"的内涵

"经济发展方式"既包括"经济增长方式"的内容，还包括产业结构、收入分配、居民生活以及城乡结构、区域结构、资源利用、生态环境等方面持续改善的内容。

## 二、"转变发展方式"的内涵

### （一）中国"转变发展方式"的历程

有关"发展方式"和"转变发展方式"的理论言说，是中国基于"经济发展"一般规律和中国客观实际对发展理论做出的重大贡献，具有鲜明的中国特色和明确的目标取向，是发展理论与中国实践相结合的产物。

### 1. 转变动因

世界各先行国家经济社会发展历程和发展理论的不断演进，为中国转变发展（增长）方式（以下简称"转方式"）提供了有益借鉴。中国的发展不能将实现"经济增长"指标简单等同于实现"经济发展"，需要将视野扩大到包括经济、社会、生态环境、人本身等全局性发展领域，防止出现"有增长无发展、正增长负发展、高增长低发展"等现象，这是中国"转方式"的动因所在。

### 2. 理念创新与理论发展

新中国成立以来，对"经济发展（增长）"的认识大致经历了三个阶段，即"发展=经济增长""发展=经济增长+社会变革""发展=经济增长+社会变革+结构转变+可持续"的过程。这是一个在实践中深化认识、用新认识指导实践的过程，充分体现了中国发展实事求是、边干边学（learning by doing）、锐意创新的特质。

"转变发展方式"这一概念由 2007 年时任总书记的胡锦涛同志首次提出①，

---

① 2007 年 6 月，胡锦涛在中央党校省部级干部进修班发表重要讲话时指出，"实现国民经济又好又快发展，关键要在转变经济发展方式、完善社会主义市场经济体制方面取得重大新进展"。2007 年 10 月，党的十七大明确提出"转变经济发展方式"，并将其作为"关系国民经济全局紧迫而重大的战略任务"。

并在其后的中央文件及政策指南中逐步明确和完善。在中国"转方式"的发展历程中，发展理念不断创新，并引领着中国的具体实践。1992 年，中国响应联合国世界环境与发展委员会提出的可持续发展理念，制定了第一份可持续发展纲要的《21 世纪议程》。其后在中央出台的国家发展战略（1993 年）、科学发展观（2004 年）、生态文明建设（2007 年）、低碳绿色发展（2009 年）等文件中，可持续发展的内涵不断丰富。2012 年中共十八大提出了"五位一体"总体布局的新型发展观。《中华人民共和国可持续发展国家报告》（2012 年）明确提出了把"转变经济发展方式"和对经济结构进行战略性调整作为推进经济可持续发展的重大决策。

### 3. 实践历程

中国的"转方式"实践经历了从"转变经济增长方式""转变经济发展方式"到"加快转变经济发展方式"的变迁。到目前为止，已经基本形成了"转方式"的思想体系：科学发展观是"转方式"的指导思想，全面、协调、可持续是"转方式"的基本方向，全面深化改革是"转方式"的关键途径，建设生态文明是"转方式"的重要标志（表 1）。

**表 1　中国"转方式"的实践与评价**

| 相关内涵 | 实现"经济增长方式"的根本性转变 | "加快转变经济发展方式" |
| --- | --- | --- |
| 总结评价 | 实现"经济增长方式"的根本性转变，相对于经济建设新路子来说，理论特征发生显著变化。实现"经济增长方式"的根本性转变，是对经济建设新路子理论的继承与发展，是就如何"转变经济发展方式"的第一次系统性阐述，为全面的经济发展方式转变理论的形成奠定了基本架构，具有承前启后的重要历史地位 | "加快转变经济发展方式"，是继提出实现"经济增长方式"根本性转变之后，中国共产党在探索"转变经济发展方式"上取得的又一重大理论成果，"加快转变经济发展方式"是迄今中国共产党提出的最新最全面的经济发展方式转变理论 |
| 主要目标 | 强调经济增长从以粗放为主向以集约为主转变，同时兼具环保目标 | 除"转变经济增长方式"之外，还强调"经济增长"的内源性、可持续性和社会和谐，要求实现经济社会、人与自然的全面可持续发展 |
| 战略基础 | 明确将"三步走"战略作为战略基础 | 从"三步走"战略到可持续发展战略，成为新的战略基础 |
| 体制环境 | 明确提出建立社会主义市场经济的要求 | 提出了完善社会主义市场经济的要求 |
| 实现途径 | 在将市场化改革作为"转方式"的根本途径的同时，进一步将具体实现途径由"十条经济建设方针"凝练为"科技进步和劳动者素质的提高" | 针对发展中存在的主要矛盾，提出了"五个统筹"（中共十六届三中全会）和"三个转变"（党的十七大报告）及"五位一体"（党的十八大报告） |
| 推进机制 | 第一次明确提出了实现"发展方式"转变的经济机制，即技术进步机制、企业经营机制和经济运行机制 | 更加重视社会机制的应用，补充以经济机制为主的推进机制的不足 |

## （二）"转方式"的必要性

### 1. "旧方式"导致"三不"问题难以解决

长期以来，中国"旧方式"导致了"三不"问题（不平衡、不协调、不可持续）难以有效解决，表现为："经济增长的资源环境约束强化，投资与消费关系失衡，收入分配差距较大，科技创新能力不强，产业结构不合理，农业基础仍然薄弱，城乡区域发展不协调，就业总量压力和结构性矛盾并存，制约科学发展的体制机制障碍依然较多。"[①]

### 2. 加快"转方式"的必要性和紧迫性

解决发展不平衡、不协调、不可持续的问题，关键在于"加快转变经济发展方式"，推进经济结构战略性调整[②]，这既是一个长期过程，也是当前最紧迫的任务。

1）资源环境矛盾日益突出

中国经济总量的增长在相当程度上建立在资源大量消耗和环境严重污染的基础上，这种"发展方式"不转变，资源环境难以为继。中国进一步发展将面临资源禀赋与瓶颈问题、环境污染问题、生态系统危机以及人民健康等问题的严峻挑战。因此，应加快"转方式"，大力发展循环经济，实现绿色发展，以应对中国资源环境矛盾日益突出的问题。

---

**专栏**

**中国资源环境问题所面临的挑战**

一、资源约束趋紧，禀赋先天不足

土地资源：人均量相对稀缺，人均土地面积不及世界平均水平的 1/3，人均耕地面积仅为世界平均水平的 40% 左右。

大宗矿产：总体丰富，居世界第 3 位，但人均量较低，分布严重不均；相当部分必需的矿产资源总量不足，保障程度呈下降趋势。

水资源：总量较多，分布存在时空严重不均特点；2010 年中国人均水资源量 2 100 立方米（其中可用量为 900 立方米），为世界平均水平的 28%，列世界 125 位；地下水严重超采。

二、环境质量持续恶化，区域环境污染问题突出

水污染：在有监测的 200 个城市中，水质较差的占 40.3%，极差的占 14.7%，

---

① 温家宝在十一届人大四次会议上所作政府工作报告，2011 年 3 月 5 日。
② 胡锦涛在中国共产党第十八次全国代表大会上的报告。

普遍存在有毒微量有机污染。

大气污染：从传统煤烟型污染向复合型污染转变；大气污染范围从局地的一次污染转变为区域的二次污染；全国灰霾天气逐年增多，城市尤为明显。

固体废弃物：产生量大，堆存量大，主要是工业、建筑和城镇生活垃圾；是造成水污染和土壤污染的重要原因。

三、生态环境脆弱

自然环境：先天不足，干旱半干旱地区占国土面积的52%，高山丘陵地区占全国陆地面积的2/3；总体上60%的国土面临某种或多种生态问题的严重威胁，生态退化问题严重。

2）经济社会发展不协调的矛盾日益显现

经济繁荣和社会发展是现代化国家相辅相成的两个最主要的方面，应该平衡协调发展。中国目前还是偏重经济发展，尤其是一些地方政府甚至形成了以 GDP 挂帅的局面，教育、科技、文化、医疗、环保和社会保障等社会事业严重落后于经济发展，形成了经济与社会的不平衡状态，导致经济社会发展不协调的矛盾日益凸显。因此，应加快"转方式"改变"经济发展"与社会发展不平衡、不协调的困境。

3）传统的比较优势正逐步减弱

21世纪以来，中国的"经济增长"主要是依靠大量投资、廉价劳动力、廉价资源、产值大而增加值较低的产业发展而实现的。随着全球经济一体化的深入，"经济增长"的动力越来越向技术创新转变，简单加工已不足以再支撑"经济增长"；中国人口红利的逐步减弱使劳动力不再廉价，高成本时代的到来使资源不再廉价；过度依靠投资带来的负面效应逐步显现。可以看出，中国传统的比较优势正逐步减弱，应加快"转方式"以寻求中国新的发展动力和国际竞争力。

### 3. "转方式"的有利条件与制约因素

1）有利条件

一是科技进步为"转方式"提供了强劲的内在动力。二是市场机制的不断完善为经济发展方式转变创造了重要条件。三是资源环境约束日益强化，增加了"转方式"的紧迫性和必要性。四是更深更广地融入世界经济对中国"转方式"客观上起到了促进的作用。

2）制约因素

一是仍存在思想观念的束缚，"旧方式"仍具有较强的惯性。二是科技创新能力依旧较低，"转方式"内生动力仍显不足。三是产业结构升级难，扩大消费需求难度加大。四是管理体制仍存在较大的障碍。

### （三）"转方式"的目标

《坚定不移沿着中国特色社会主义道路前进　为全面建成小康社会而奋斗——在中国共产党第十八次全国代表大会上的报告》将"加快完善社会主义市场经济体制和加快转变经济发展方式"确定为今后的主要任务，明确指出了中国"转方式"的方向和主要目标。中国"转方式"的目标体系应包括以下主要内容，即改善经济结构、科技创新发展、绿色可持续发展和协调发展。

《中共中央关于全面深化改革若干重大问题的决定》对中国"转方式"提出了更为明确的要求：全面深化改革的总目标是完善和发展中国特色社会主义制度，推进国家治理体系和治理能力现代化。必须更加注重改革的系统性、整体性、协同性，加快发展社会主义市场经济、民主政治、先进文化、和谐社会、生态文明，让发展成果更多更公平惠及全体人民。

#### 1. "新方式"的内涵

1）内容

全面发展、协调发展、高效发展、普惠发展、可持续发展、具有足够强的应变能力。

2）内涵

表2通过新、旧方式的比较，明确"新方式"的内涵。即"新方式"是"经济增长"与社会发展的共同目标，是改进人民生活质量的过程，满足基本需要、提高人类尊严、扩大选择自由。

表2　新、旧方式的比较

| 对比内容 | "旧方式" | （转变后的）"新方式" |
|---|---|---|
| 内容 | 通常的（数量上的）增长 | 全面、协调、可持续的（质量上的）发展 |
| 形式 | 粗放型增长 | 集约型增长 |
| 特点 | 传统的 | 现代的 |
| | 旧的 | （创）新的 |
| | 不可持续 | 可持续的 |

"转方式"既要求从粗放型增长转变为集约型增长，又要求从通常的增长转变为全面、协调、可持续的发展。

科学技术是推动社会经济发展的决定性力量。

### 2. "转方式"的定位：战略抉择的主线

"在当代中国，坚持发展是硬道理的本质要求就是坚持科学发展。以科学发展为主题，以加快转变经济发展方式为主线，是关系我国发展全局的战略抉择。"

### 3. "转方式"的主攻方向：推进经济结构战略性调整

推进经济结构战略性调整是"加快转变经济发展方式"的主攻方向。"必须以改善需求结构、优化产业结构、促进区域协调发展、推进城镇化为重点，着力解决制约经济持续健康发展的重大结构性问题。"

推进经济结构战略性调整应在数量增长基础上着力进行质量改进，实现"经济增长"与社会发展协调，主要领域及调整方向包括：①不失时机地推进资源和要素价格改革，充分发挥价格机制在促进发展方式转变方面的基础性作用。②切实加强对资源、环境、质量、安全等方面的社会性规制，正确和有效发挥政府在促进发展方式转变方面的应有作用。③着力完善社会保障和基本公共服务体系，改变社会发展与"经济发展"不相协调的状况。④深化国有企业和垄断行业改革，完善国有企业和垄断行业剩余分配机制。⑤大力推动技术创新，促进经济结构优化升级。⑥制定并实施合理的消费政策，促进形成资源节约型、环境友好型的消费模式。

### 4. 加快"转方式"的主要目标：优化结构、拓展深度、提高效益

"推动开放朝着优化结构、拓展深度、提高效益方向转变"；"把我国经济发展活力和竞争力提高到新的水平"。从单纯的"经济增长"到经济社会全面发展；"经济发展"活力和竞争力提高到新的水平，为人民创造良好的生产生活环境。

### 5. 加快"转方式"的关键：深化改革

"深化改革是加快转变经济发展方式的关键。经济体制改革的核心问题是处理好政府和市场的关系，必须更加尊重市场规律，更好发挥政府作用。"

## （四）"转方式"的内涵

"新方式"下的发展的核心内容依然是"经济增长"，但增加了生态承载的限制条件，赋予了更多的内容，包括高效率与可持续，平衡及协调、包容等。中国"转方式"是遵循推动发展的动力机制，消除障碍，使各种促进增长的因素综合运用，释放效率，并且以生态环境承载力为限的改革与创新过程。这个过程将以绿色、低碳的服务业和工业为主要产业主导，以高效、包容、可持续的城镇化为

主要空间载体，以市场化为起决定性作用的体制基础，以法治、服务、高效的政府为治理主体，以科技创新为技术保障，以文化创新提供精神动力并引领公民社会参与，最关键的是以生态、资源、环境的承载力为限统筹兼顾，实现生态文明。

### 1. 从发展中发现内在规律

"转方式"需要遵循增长与发展的内在规律，应把握好政府主导发展还是政府利用市场与社会来推动"经济发展"的问题。

1）资源配置模式是"经济发展方式"的首要内容

生产要素组合方式及其决定的生产供给结构是经济（长期）发展动力机制。生产要素报酬决定机制及其密切相关的需求结构是经济（短期）增长动力机制。

2）从投入驱动的增长转向效率驱动的增长和创新驱动的增长

提高管理水平，实现有效率的增长。创造合适的环境，实现创新驱动的增长。

3）认识增长阶段转换期的特点，以"稳"保"质"，应对潜在增长率下降

增长阶段转换往往不会一帆风顺，从"旧方式"到"新方式"的转变具有超过以往的内在不稳定性和不确定性。潜在增长率下降，强调增长阶段转换，并非不重视增长速度，而是为了在认清增长规律的基础上，有效保持必要且可能的增长速度。选择适中的速度组合，成本往往相对较低，以应对潜在增长率可能下降的趋势。

---

**专栏**

**潜在增长率下降，新增长阶段开启**

（1）中国经济增长已经呈现出不同以往的特征，经济增长率将逐步下降，经济运行的脆弱性有所增加，一个充满挑战和更加接近高收入社会的发展新阶段正在开启。

（2）未来十年投资需求和出口需求增长速度趋势性下滑将导致中国经济由过去的年均 10%左右的高速增长阶段转而进入年均 6%~8%的中速增长阶段。

（3）未来十年中国经济将迎来重大结构转折。投资率将触顶回落，消费率逐步上升并超过投资率；中国经济将过渡到以服务经济为主的阶段，未来十年服务业比重将不断上升并超过第二产业，逐步达到 55%左右；服务业将吸纳绝大部分新增农业转移劳动力，一半左右的劳动力将从事服务业。

（4）2013 年，中国经济将在潜在增长率下降、短周期回升及改革深化三重因素影响下寻求新动力和新平衡，物价上涨压力有所增加。

资料来源：刘世锦，等. 陷阱还是高墙——中国经济面临的真实挑战和战略选择. 北京：中信出版社，2011

## 2. 重点优化"经济增长"的结构性内容

1）要素投入结构

从促进"经济增长"由主要依靠增加物质资源消耗向主要依靠科技进步、劳动者素质提高、管理创新转变。

2）需求结构

从促进"经济增长"由主要依靠投资、出口拉动向依靠消费、投资、出口协调拉动转变。

3）产业结构

从促进"经济增长"由主要依靠第二产业带动向依靠第一、第二、第三产业协同带动转变。

## 3. 加强对社会公平的重视程度，实现包容性增长

"转方式"还应重视收入分配（重点是一次分配）、公共福利的公平程度，着力扭转地区差异与城乡差异的局面。在新的历史条件下，我们要更加重视社会公平问题，由"效率优先、兼顾公平"转向"效率与公平并重"。第一，社会主义的本质决定了我们必须要注重社会公平的问题。第二，目前收入差距拉大的现实与构建社会主义和谐社会的奋斗目标不相符合。第三，从国际一般经验来看，人均GDP 从 1 000 美元提高到 3 000 美元的时期，往往是产业结构剧烈变化、社会格局剧烈调整、利益矛盾不断增加的时期，必须解决突出的社会不公的问题。

---

**专栏**

### 包容性增长

（1）经济质量的增长，即寻求社会和经济协调发展、可持续发展，与单纯追求 GDP 增长、破坏资源环境相对立。

（2）从增长的对内包容性来说，其是指共享的增长，即让不同民族、不同地区、不同阶层的更多的人享受改革开放、全球化成果，在经济增长过程中保持平衡，重视社会稳定等。

（3）从增长的对外包容性即对外关系方面来看，就是要协调货币、能源、环境和文化各个方面与国外的关系，消除不同文化文明之间的冲突。

资料来源：刘世锦，等. 陷阱还是高墙——中国经济面临的真实挑战和战略选择. 北京：中信出版社，2011

---

### （五）"转方式"的抓手

#### 1. 推动"三大转型"落实，加快"转方式"

1）以促进公平竞争和激发创新活力为重点，切实"转变经济发展方式"

"转方式"关键在于深化改革，推动各种所有制经济公平竞争、产品和要素市场有效运行、政府职能转变到位，激发经济内生发展动力和创新活力。重点包括：①加快推进要素市场改革，健全现代市场体系；②切实转变政府职能，建设有限、高效、廉洁的法治政府；③建立创新发展和绿色发展的长效机制，促进经济结构优化升级；④加快推进农民工市民化和农业现代化，形成统筹城乡发展新格局。

2）以促进机会均等、提高透明度和公众参与度为重点，积极创新社会治理方式

创新社会治理模式，核心是促进社会公平正义，增强社会活力和凝聚力，形成公正透明、有序参与、权责对等的社会和谐新机制。重点包括：①加快提升人力资本，推进基本公共服务均等化；②重点促进教育、健康和就业的机会均等，提高社会流动性；③强调通过个人自身努力分享发展成果，完善收入分配和社会保障制度；④着力提高公权透明度和公众参与度，拓展社会治理的渠道和方式；⑤注重新型社会组织和信息网络的发展，提高社会管理的有效性；⑥以反映时代特征的社会主义核心价值观为引领，充分发挥道德规范在现代化建设中的重要作用。

3）以提升竞争优势和建立长期稳定的互利共赢关系为重点，主动调整全球化参与方式

主动调整全球化参与方式，关键在于确立开放新理念，更加积极、透明、可预见地融入全球化进程；推动贸易结构升级，全面提升配置全球资源的能力和竞争力；在全球公共产品提供和全球治理中发挥积极的建设性作用，承担与中国国力相适应的国际责任，形成优势升级、内外协调、互利共赢的对外开放新格局。重点包括：①推动出口结构升级，塑造国际竞争新优势；②优化对外开放布局，增强全球资源整合能力；③有序实施金融开放，稳步推进人民币区域化；④促进多边贸易体系发展，积极推动区域经济一体化；⑤积极参与全球治理改革，争取有利国际环境。

#### 2. "转方式"的着力点

1）城镇化

未来 20~30 年，中国的城镇化率应该还有 20 个百分点以上的增长空间，涉及

2亿多人。现有城镇常住人口中，仍有近20个百分点的非户籍人口。有研究认为，这部分人群解决户籍问题后，其消费将会增长30%左右，相当于6个百分点的农民进城对消费的拉动效应。

2）产业升级

2010年，中国工业增加值率是23%，而日本是31.4%，美国是38.5%。如果通过产业升级，达到与日本、美国相同的水平，就有30%~70%的提升空间。

3）消费升级

收入倍增规划的实施将有助于提升消费比重。城市中等收入群体（中产阶级）是拉动消费增长的主要力量，预计这一群体的比重到2020年将达到45%。

4）更大程度、更高质量地融入全球分工体系

通过改进贸易和投资活动，提高在全球价值链中的位置，并在某些领域形成新的竞争优势，如与基本建设能力相关的对外贸易、劳务输出和投资等。

5）创新

中国在不少领域已经表现出巨大的创新潜能。除了技术创新外，商业模式创新也不容低估。

## （六）加快"转方式"的推动力："创新"与"改革"

### 1. 创新与"转方式"的关系

1）创新的内容

创新包括理论创新（基础与关键，发展和变革的先导）、制度创新（制度基础与体制保障）、科技创新（智力支持和技术保障）、文化创新（精神动力）等。

2）创新的作用与定位

科技创新与制度创新将有效打破发展的约束，为"转方式"顺利进行提供动力、扫除障碍。

3）创新驱动发展

《坚定不移沿着中国特色社会主义道路前进　为全面建成小康社会而奋斗——在中国共产党第十八次全国代表大会上的报告》提出了实施创新驱动发展战略，重点包括："要适应国内外经济形势新变化，加快形成新的经济发展方式，把推动发展的立足点转到提高质量和效益上来，着力激发各类市场主体发展新活力，着力增强创新驱动发展新动力，着力构建现代产业发展新体系，着力培育开放型经济发展新优势，使经济发展更多依靠内需特别是消费需求拉动，更多依靠现代服务业和战略性新兴产业带动，更多依靠科技进步、劳动者素质提高、管理创新驱动，更多依靠节约资源和循环经济推动，更多依靠城乡区域发展协调互动，不断增强长期发展后劲。"

### 2. 制度创新与体制变革是制度基础和体制保障

制度创新将有利于结构优化，促进社会机制与经济机制共同发挥最大作用，制度创新将为"转方式"保驾护航。

1）体制问题既是"转方式"的外部条件，又是"转方式"的重要内容

《坚定不移沿着中国特色社会主义道路前进　为全面建成小康社会而奋斗——在中国共产党第十八次全国代表大会上的报告》指出，"加快形成符合科学发展要求的发展方式和体制机制"，同时指出了体制变革的主要任务，即"坚持走中国特色社会主义政治发展道路和推进政治体制改革"；建立并完善中国特色社会主义制度基础上的"五位一体"的制度建设，包括"经济体制、政治体制、文化体制、社会体制等各项具体制度"，"政治体制改革是我国全面改革的重要组成部分"。

2）体制改革的主要内容

（1）政治体制改革。《坚定不移沿着中国特色社会主义道路前进　为全面建成小康社会而奋斗——在中国共产党第十八次全国代表大会上的报告》指出：要"坚持走中国特色社会主义政治发展道路和推进政治体制改革"；"继续积极稳妥推进政治体制改革"；"加快建设社会主义法治国家，发展社会主义政治文明"；"把制度建设摆在突出位置，充分发挥我国社会主义政治制度优越性"。《中共中央关于全面深化改革若干重大问题的决定》提出，要"紧紧围绕坚持党的领导、人民当家作主、依法治国有机统一深化政治体制改革，加快推进社会主义民主政治制度化、规范化、程序化，建设社会主义法治国家，发展更加广泛、更加充分、更加健全的人民民主"。《坚定不移沿着中国特色社会主义道路前进　为全面建成小康社会而奋斗——在中国共产党第十八次全国代表大会上的报告》提出，要更加注重健全民主制度、丰富民主形式，从各层次各领域扩大公民有序政治参与，充分发挥我国社会主义政治制度优越性。政治体制改革的重点包括：①推动人民代表大会制度与时俱进；②推进协商民主广泛多层制度化发展，构建程序合理、环节完整的协商民主体系，发挥统一战线在协商民主中的重要作用，发挥人民政协作为协商民主重要渠道作用；③发展基层民主，畅通民主渠道。

（2）经济体制改革。《坚定不移沿着中国特色社会主义道路前进　为全面建成小康社会而奋斗——在中国共产党第十八次全国代表大会上的报告》指出：要"加快完善社会主义市场经济体制和加快转变经济发展方式"；"全面深化经济体制改革"；"深化改革是加快转变经济发展方式的关键"；"经济体制改革的核心问题是处理好政府和市场的关系，必须更加尊重市场规律，更好发挥政府作用"。《中共中央关于全面深化改革若干重大问题的决定》指出，要"紧紧围绕使市场在资

源配置中起决定性作用深化经济体制改革，坚持和完善基本经济制度，加快完善现代市场体系、宏观调控体系、开放型经济体系，加快转变经济发展方式，加快建设创新型国家，推动经济更有效率、更加公平、更可持续发展"。《中共中央关于全面深化改革若干重大问题的决定》指出，经济体制改革是全面深化改革的重点，核心问题是处理好政府和市场的关系，使市场在资源配置中起决定性作用和更好发挥政府作用。市场决定资源配置是市场经济的一般规律，健全社会主义市场经济体制必须遵循这条规律，着力解决市场体系不完善、政府干预过多和监管不到位问题。经济体制改革的重点包括以下几个方面。一是要坚持公有制为主体、多种所有制经济共同发展的基本经济制度：①完善产权保护制度，依法监管各种所有制经济；②积极发展混合所有制经济，完善国有资产管理体制；③推动国有企业完善现代企业制度，准确界定不同国有企业功能，健全协调运转、有效制衡的公司法人治理结构；④支持非公有制经济健康发展。二是要加快完善现代市场体系，建设统一开放、竞争有序的市场体系，要加快形成企业自主经营、公平竞争，消费者自由选择、自主消费，商品和要素自由流动、平等交换的现代市场体系，着力清除市场壁垒，提高资源配置效率和公平性：①建立公平开放透明的市场规则，实行统一的市场准入制度与统一的市场监管；②完善主要由市场决定价格的机制；③建立城乡统一的建设用地市场；④完善金融市场体系。三是要构建开放型经济新体制，推动对内对外开放相互促进、引进来和走出去更好结合，促进国际国内要素有序自由流动、资源高效配置、市场深度融合，加快培育参与和引领国际经济合作竞争新优势，以开放促改革：①放宽投资准入，统一内外资法律法规，保持外资政策稳定、透明、可预期，扩大企业及个人对外投资；②加快自由贸易区建设，选择若干具备条件地方发展自由贸易园（港）区，扩大对香港特别行政区、澳门特别行政区和台湾地区开放合作；③扩大内陆沿边开放，推动内陆贸易、投资、技术创新协调发展。

（3）文化体制改革。《坚定不移沿着中国特色社会主义道路前进  为全面建成小康社会而奋斗——在中国共产党第十八次全国代表大会上的报告》指出：要"深化文化体制改革，解放和发展文化生产力"；"建设社会主义文化强国，关键是增强全民族文化创造活力"。《中共中央关于全面深化改革若干重大问题的决定》提出：紧紧围绕建设社会主义核心价值体系、社会主义文化强国深化文化体制改革，加快完善文化管理体制和文化生产经营机制，建立健全现代公共文化服务体系、现代文化市场体系，推动社会主义文化大发展大繁荣。文化体制改革的重点包括：完善文化管理体制，建立健全现代文化市场体系，构建现代公共文化服务体系，提高文化开放水平。

（4）社会体制改革。《坚定不移沿着中国特色社会主义道路前进  为全面建成小康社会而奋斗——在中国共产党第十八次全国代表大会上的报告》指出，要加快形成社会管理体制、基本公共服务体系、现代社会组织体制、社会管理机制。《中共中央关于全面深化改革若干重大问题的决定》提出：要紧紧围绕更好保障和改善民生、促进社会公平正义深化社会体制改革，改革收入分配制度，促进共同富裕，推进社会领域制度创新，推进基本公共服务均等化，加快形成科学有效的社会治理体制，确保社会既充满活力又和谐有序。社会体制改革的重点包括：①深化教育领域综合改革；②健全促进就业创业体制机制；③形成合理有序的收入分配格局，完善以税收、社会保障、转移支付为主要手段的再分配调节机制，加大税收调节力度，规范收入分配秩序，完善收入分配调控体制机制和政策体系；④建立更加公平可持续的社会保障制度，健全社会保障财政投入制度，完善社会保障预算制度；⑤深化医药卫生体制改革，统筹推进医疗保障、医疗服务、公共卫生、药品供应、监管体制综合改革；⑥着眼于维护最广大人民根本利益创新社会治理，改进社会治理方式，激发社会组织活力，创新有效预防和化解社会矛盾体制，健全公共安全体系。

（5）科技体制改革。《坚定不移沿着中国特色社会主义道路前进　为全面建成小康社会而奋斗——在中国共产党第十八次全国代表大会上的报告》指出：要"推动科技和经济紧密结合，加快建设国家创新体系，着力构建以企业为主体、市场为导向、产学研相结合的技术创新体系"。《中共中央关于全面深化改革若干重大问题的决定》将深化科技体制改革与加快完善现代市场体系相结合，提出了科技体制改革与加快建设创新型国家的重点：要建立健全鼓励原始创新、集成创新、引进消化吸收再创新的体制机制，健全技术创新市场导向机制；加强知识产权运用和保护，健全技术创新激励机制；整合科技规划和资源，完善政府对基础性、战略性、前沿性科学研究和共性技术研究的支持机制。

（6）深化行政管理体制改革。《坚定不移沿着中国特色社会主义道路前进　为全面建成小康社会而奋斗——在中国共产党第十八次全国代表大会上的报告》指出：要"深入推进政企分开、政资分开、政事分开、政社分开，建设职能科学、结构优化、廉洁高效、人民满意的服务型政府"。科学的宏观调控，有效的政府治理，是发挥社会主义市场经济体制优势的内在要求。《中共中央关于全面深化改革若干重大问题的决定》指出：要"积极稳妥从广度和深度上推进市场化改革，大幅度减少政府对资源的直接配置，推动资源配置依据市场规则、市场价格、市场竞争实现效益最大化和效率最优化。政府的职责和作用主要是保持宏观经济稳定，加强和优化公共服务，保障公平竞争，加强市场监管，维护市场秩序，推动可持续发展，促进共同富裕，弥补市场失灵"。加快转变政府职能与深化行政体制改革的重点包括：①健全宏观调控体系，深化投资体制改革，确立企业投资主体地位，完善发展成果考核评价体系；②全面正确履行政府职能，加强发展战略、规划、政策、标准等制定和实施，加强市场活动监管，加强各类公共服务提供，加快事业单位分类改革；③优化政府组织结构，理顺部门职责关系。

（7）加强生态文明制度建设。《坚定不移沿着中国特色社会主义道路前进　为全面建成小康社会而奋斗——在中国共产党第十八次全国代表大会上的报告》指出："要把资源消耗、环境损害、生态效益纳入经济社会发展评价体系"；"建立体现生态文明要求的目标体系、考核办法、奖惩机制"。《中共中央关于全面深化改革若干重大问题的决定》指出：要"紧紧围绕建设美丽中国深化生态文明体制改革，加快建立生态文明制度，健全国土空间开发、资源节约利用、生态环境保护的体制机制，推动形成人与自然和谐发展现代化建设新格局"。《中共中央关于全面深化改革若干重大问题的决定》指出：要"建立系统完整的生态文明制度体系，实行最严格的源头保护制度、损害赔偿制度、责任追究制度，完善环境治理和生态修复制度，用制度保护生态环境"。生态文明制度建设的重点包括：①健全自然资源资产产权制度和用途管制制度，健全国家自然资源资产管理体制；②划定生态保护红线，探索编制自然资源资产负债表、建立生态环境损害责任终身追究制；③实行资源有偿使用制度和生态补偿制度，加快自然资源及其产品价格改革，逐步将资源税扩展到占用各种自然生态空间；④改革生态环境保护管理体制，建立和完善严格监管所有污染物排放的环境保护管理制度，独立进行环境监管和行政执法。

---

**专栏**

**加速改进制度结构——以政府职能转变为例**

制度结构（政治结构）→行政体制改革→政府职能转变→考核机制优化

一、政府职能转变

（1）根本方向：为人民服务、对人民负责。

（2）总体目标：加快转变政府职能，把应该由市场和社会发挥作用的交给市场与社会，政府切实承担起创造良好环境、提供公共服务、维护社会公平的职责。

（3）具体目标：建设"法治政府、廉洁政府、效能政府"。

二、行政考核

（1）考核内容要求：内容必须适应"转方式"的目标要求。

（2）考核内容结构：从以经济增长为重点考核内容，改进为包含资源利用、环境保护、社会公平等反映质量（效率）改进的综合性考核内容。

### 3. 科技创新是战略支撑与技术保障

科技创新是经济社会发展的引擎（决定性力量），科技创新将为"转方式"提供持续不断的动力。《坚定不移沿着中国特色社会主义道路前进 为全面建成小康社会而奋斗——在中国共产党第十八次全国代表大会上的报告》指出：科技创新是提高社会生产力和综合国力的战略支撑，必须摆在国家发展全局的核心位置。

### 4. 文化创新将为"转方式"提供精神动力并打好群众基础

将"转方式"转变为全社会共识，促进经济社会微观主体（企事业单位、个人等）主动转变生产生活方式，将精神动力化为实际行动。

## 三、"转变发展方式"的战略意义

### （一）是中国实现"中国梦"和"两个一百年"目标的根本保障

#### 1. 是实现"两个一百年"目标的途径、实践与要求

《坚定不移沿着中国特色社会主义道路前进 为全面建成小康社会而奋斗——在中国共产党第十八次全国代表大会上的报告》提出了"中国梦"和"两个一百年"目标。"中国梦"的阶段性重要目标之一是"两个一百年"目标，即在中国共产党成立一百年时全面建成小康社会，在新中国成立一百年时建成富强民主文明和谐的社会主义现代化国家。要实现中华民族的这两个百年梦想，关键是要"转方式"，提升国家核心竞争力、战略潜力和软实力，全面改善生产生活环境和质量。第一，增强国家核心竞争力和软实力必须"转方式"。为了解决中国"大而不强"的问题，中国必须通过"转方式"在结构改善上取得突破，解决不平衡问题，统筹效率与公平，重视发展质量，促进量质并重；将科技能力和创新能力再上一个大的台阶，全面增强中国的核心竞争力和软实力。第二，增强国家战略潜力必须"转方式"。为解决发展过程中环境资源代价过大的问题，中国必须通过"转方式"实现优化配置环境资源，提高发展质量，实现可持续发展，为增强国家的战略发展潜力提供坚实的资源和环境保障。第三，必须"转方式"改善生产生活环境和质量。"中国梦"是每一个中国人的梦，它必须通过"转方式"有效解决影响生产、生活的突出环境问题，不断改善环境质量，让改革开放和经济发展的成果，包括保护环境和建设生态文明的成果惠及全体国民，全面提高全社会的生产、生活质量。

1）加快"转方式"是探索具有中国特色现代化道路的重要途径

建设中国特色现代化就是要实现"新四化"目标，即实现中国特色的新型工业化、信息化、城镇化和农业现代化，推动信息化和工业化深度融合、工业化和城镇化良性互动、城镇化和农业现代化相互协调，促进工业化、信息化、城镇化、农业现代化同步发展。加快"转方式"是实现中国特色现代化道路的重要途径，这是总结中国现代化建设长期实践得出的重要结论，是贯彻落实科学发展观的重要体会，是根据现阶段中国发展的客观实际提出的重大战略思想，是推动中国经济社会发展必须坚持的正确方向。

中国正处于改革发展的关键阶段，也处于工业化、现代化的重要时期。当前"经济发展"中出现的很多情况和问题，在很大程度上是中国基本国情和发展阶段性特征的客观反映。走中国特色新型工业化道路，促进"经济增长"由主要依靠投资、出口拉动向依靠消费、投资、出口协调拉动转变，由主要依靠第二产业带动向依靠第一、第二、第三产业协同带动转变，由主要依靠增加物质资源消耗向主要依靠科技进步、劳动者素质提高、管理创新转变。

加快"转方式"，必须坚持创新驱动，通过创新为"转变发展方式"、推动产业结构优化升级提供有力和持久的技术支撑，加快从工业大国向工业强国转变的历史进程；必须坚持城乡统筹，形成城乡经济社会发展一体化的格局，努力实现城乡共同繁荣；必须坚持节约资源、保护环境，把推进现代化与建设生态文明有机统一起来，把建设资源节约型、环境友好型社会放在工业化、现代化发展战略的突出位置；必须坚持内外协调，统筹利用好国内国际两个市场、两种资源，努力促进中国发展和各国共同发展的良性互动；必须坚持以人为本，更加注重改善民生，切实实现好、维护好、发展好最广大人民的根本利益。

2）加快"转方式"是完善中国特色社会主义制度的具体实践

《坚定不移沿着中国特色社会主义道路前进　为全面建成小康社会而奋斗——在中国共产党第十八次全国代表大会上的报告》提出了今后一段时期行政体制改革的目标要求，这是完善中国特色社会主义制度的重要内容，即要按照建立中国特色社会主义行政体制目标，深入推进政企分开、政资分开、政事分开、政社分开，建设职能科学、结构优化、廉洁高效、人民满意的服务型政府。加快"转方式"，有助于实现继续简政放权，加快政府职能转变；稳步推进大部门制改革，健全部门职责体系；创新行政管理方式，提高政府公信力和执行力。"转方式"在行政体制改革领域的具体实践就是要转变政府职能，建设法治、廉洁、效能政府，为人民服务、对人民负责。加快"转方式"是完善中国特色社会主义制度的具体实践。

3）加快"转方式"是中国特色社会主义市场经济的根本要求

加快"转方式"在中国经济领域的具体表现是通过经济转型来实现中国特色

社会主义市场经济，因此，加快"转方式"是实现中国特色社会主义市场经济的根本要求。经济转型主要体现在：一是经济体制的转型，即通过经济改革由计划经济转向市场经济；二是经济社会形态的转型，即通过"经济发展"使经济社会由传统状态转向现代状态；三是经济开放度的转型，即通过融入全球化使经济由封闭状态转向开放状态；四是"经济发展方式"的转型，即"经济发展"由以物为本转向以人为本，"经济增长"由粗放转向集约。所有这些，实际上是发展中国特色社会主义市场经济的成功探索和伟大实践。

加快"转方式"必须要有相应的制度建设来实现经济转型，调整涉及经济运行规则、政府与微观经济主体之间的关系，具体表现为市场制度建设、宏观调控机制建设、企业制度建设。首先，市场制度。中国特色社会主义市场经济是市场在资源配置中起决定性作用的经济，必须加快"转方式"，调节政府与市场的关系，加大市场的作用，增强经济活动中的平等性、法制性、竞争性和开放性等。一是建设完善的市场机制，让市场、竞争、价格、供给、需求等市场要素之间相互制约的联系和运动符合价值规律；二是建立市场规范，促进市场经济有序且有效率地运行；三是建设现代市场，促进生产要素进入市场并形成完善的要素市场体系。其次，宏观调控机制。市场经济条件下的宏观调控制度建设不仅要明确政府和市场作用的边界，还需要转换宏观调控机制，由直接调控转向间接调控，主要涉及三个方面：一是宏观调节对象，由过去直接管理企业转向调节市场；二是宏观调控市场内容，由过去直接定价（利率）转向调控市场价格（利率）总水平，维持市场竞争的秩序；三是宏观调控手段，由过去国家下达数量计划和指标转向政策调节，其中包括面向市场的政府规制和面向宏观总量均衡关系的财政政策、货币政策等。最后，企业制度。企业制度的转型涉及中国特色社会主义制度的微观基础建设。通过加快"转方式"激发微观经济主体的活力和效率，是实现社会主义市场经济的基础，主要包括产权制度转型、企业治理结构转型、企业制度的激励和约束制度建设。

## 2. 加快"转方式"是实现"中国梦"的战略途径与动力来源

### 1）"转方式"的主要目标与"中国梦"的本质内涵相适应

"中国梦"的基本内涵是国家富强、民族振兴、人民幸福。"中国梦"的特点是把国家、民族和个人作为一个命运共同体，把国家利益、民族利益和每个人的实际利益紧紧联系在一起。"中国梦"的出发点、落脚点是人民，体现了以人为本、执政为民的根本价值。实现"中国梦"就必须加快"转方式"，在"新方式"下实现将"经济发展"活力和竞争力提高到新的水平，为人民创造良好的生产生活环境。通过"转方式"，遵循发展的动力机制，优化增长的结构性内容，实现体现社会公平、可持续的包容性增长，中国将具有综合国力进一步跃升的"实力特征"、社会和谐进一步提升的"幸福特征"、中华文明在复兴中进一步演进的"文明特征"、促进人全面发展的"价值特征"。

2）"中国梦"的动力来源于加快"转方式"

加快"转方式"可以为实现"中国梦"提供动力。一方面通过"转方式"推进经济建设与生态文明建设，可以实现经济腾飞、生活提升、物质丰富、环境改善，为"中国梦"提供物质动力和物质基础。另一方面，通过"转方式"发展社会文明，可以实现公平正义、民主法制、公民成长、文化繁荣、教育进步、科技创新、制度高效，为"中国梦"提供精神动力和制度保障。

## （二）是探索人类发展新道路的重要尝试

### 1. 将开创人类发展的新阶段

1）立足解决中国问题

"转方式"将首先立足解决中国问题，以全新的视野深化对中国发展与社会主义建设规律、人类社会发展规律的认识，从理论和实践结合上系统回答中国如何国富民强、人与经济社会、生态环境和谐发展的根本问题。

2）面对世界：通过"转方式"增进人类共同利益

"转方式"将在面对世界形势条件下进行，在实现中国发展的同时影响世界，促进全球合作向多层次全方位拓展，有利于新兴市场国家和发展中国家整体实力增强，使国际力量对比朝着有利于维护世界和平方向发展。"转方式"将促进国际关系中的合作共赢的精神，倡导人类命运共同体意识，促进各国共同发展，建立更加平等均衡的新型全球发展伙伴关系，同舟共济，权责共担，增进人类共同利益。

3）"转方式"的重要目标之一"生态文明"或是人类发展的新阶段的重要特征

建设生态文明社会是"转方式"的重要目标之一，生态文明社会具有高效率、高技术、低消耗、低污染、全面协调、健康持续等特征，在本质上有别于人类发展历经的各个文明，较好地弥补了现正经历的工业文明的高消耗、污染较重等不足，生态文明有可能成为人类文明的新阶段。

### 2. 尝试回答或验证全球适用的可持续发展的核心问题

在中国"转方式"的发展实践中，将不可避免地必须解决以下问题：①环境与经济社会发展的宏观趋势如何改变社会与自然的关系；②何种激励体系能有效促进自然–社会复合系统的持续发展；③如何整合、发展现有的运行机制使其向着持续发展方向过渡。这正是全球适用的可持续发展的核心问题，中国的发展实践将对上述问题进行回答或验证，中国"转方式"的经验将为解决全球可持续发展的共性问题进行有益探索。

### 3. 是实现全世界人民梦想的长久动力

通过加快"转方式"实现"中国梦","不仅是实现中国特色社会主义现代化和中华民族的伟大复兴,同时也是推动实现包括中国人在内的全世界人民梦想的长久动力。实现中国梦必将进一步拓展世界人民通往理想彼岸的道路"①。

## (三)是中国参与全球治理的战略选择

### 1. 适应新形势并积极应对新变化

中国未来发展必须"适应经济全球化新形势",积极应对"世界多极化、文化多样化、社会信息化持续推进"全球发展新变化。"转方式"将有利于中国适应全球发展新形势并积极应对新变化,其中科技创新和包容性增长将适应社会信息化持续推进,文化创新将使中国在世界文化多样化进程中具有立足之地。

### 2. 在积极应对全球变化中寻找中国的发展机遇

当今全球变化的影响程度之深、影响范围之广前所未有,世界经济全球化、气候变化、第三次工业革命、能源革命等全球变化给中国发展提供了机遇。中国应通过"转方式",积极抢占未来发展战略制高点,积极融入全球统一市场以应对经济全球化,推进绿色增长以应对全球气候变化和资源环境约束,推动科技创新发展以应对第三次工业革命,改变能源生产与消费方式以应对能源革命。

### 3. 从被动应对到积极参与,积极扩大全球影响力

"旧方式"下中国只能被动应对世界发展,"转方式"为中国提供了主动融入世界发展并积极参与全球治理的机遇,"转方式"可以实现加强中国同世界各国交流合作,推动全球治理机制变革,积极促进世界和平与发展,在国际事务中的代表性和话语权进一步增强,为中国进一步改革开放争取了有利的国际环境。

## 参 考 文 献

[1] 吴敬琏. 中国增长模式抉择[M]. 第三版. 上海:上海远东出版社,2008.

---

① 习近平访问坦桑尼亚的重要演讲,2013 年 3 月 25 日。

[2] 李海舰. 发展方式转变的体制与政策[M]. 北京：社会科学文献出版社，2012.

# 附件1 转变发展方式中制度创新与体制变革的必要性

## ——以当前中国生态严重失衡出现的体制、机制原因为例

## 一、人类活动是造成生态失衡最主要的直接原因

生态失衡是由于人类不合理地开发和利用自然资源，其干预程度超过生态系统的阈值范围，破坏了原有的生态平衡状态，而对生态环境带来不良影响的一种生态现象。生态不能得到有效治理，生态失衡加剧将使生态环境被严重破坏而形成生态危机，人类的生存与发展会受到威胁。随着生态失衡的恶性累积，生态系统从一种相对稳定的状态变得越来越不稳定，究其原因是人类活动在这个过程中打破了生态系统的自然调节。

中国的生态严重失衡可概述为生态系统的全面退化，表现为：气候灾害频现，水土流失与土地荒漠化趋势加剧；森林、草原和湿地等绿地面积减少，生物多样性受到严重破坏；农业生态系统退化，可耕地面积大幅减少等。

中国生态严重失衡发生的直接原因是：人为造成的城乡环境严重污染，诸多环境指数超标；人均资源匮乏，对自然资源盲目和低效率开发利用；人口膨胀及快速城镇化对资源的占用、消耗及对环境的影响超过了生态系统的承载力等[①]。

## 二、体制、机制、法制和政策是导致生态失衡的重要因素

除了自然因素外，中国生态严重失衡发生的更深层次原因很大部分是源于制度层面，并通过体制、机制、法制和政策等作用于经济社会，并对生态环境产生很大的影响，事实上造成了掠夺式开发利用和过度消费生态资源，导致生态财富的"贬值"与结构扭曲，进而生态失衡甚至面临生态危机。

### 1. 体制、机制、法制及政策难以适应生态保护要求的制度分析

制度问题都是涉及社会、经济、生态的横向问题，这些问题由来已久，是中国政治、文化、法治等长期演化的综合结果，具体表现为体制、机制、法制和政

---

① 张新宇. 生态危机的现实表现与直接原因. 天津经济，2007，（7）：41-43.

策等方面需要顶层设计和渐进式改革的不断改善。从宏观上分析，主要包括三方面内容。

1）发展理念与目标

国家层面及地方层面以经济建设为中心的发展方式、GDP 导向的地区竞争模式，导致各级政府片面追求 GDP，重视数量上的增长、忽视质量上的改善，地区之间竞逐经济发展超过了地区的生态环境承载力。事实上考核体制对生态责任的模糊化，也是导致生态失衡的重要因素。

2）府际关系与权责安排

中央政府与地方政府权责安排不明确、不对等，突出表现在对生态类公共产品的提供与治理到底由谁负责不明确，财政体制没有清晰地根据财权事权匹配的实际情况给予资金支持，导致了中央政府与地方政府、地方各级政府间对区域性生态产品（如流域治理等）的管理责任与财政支持不平衡，难以修正各地区生态公共产品成本收益不对称，长期积累使不同区域的生态出现失衡。

3）政府与市场关系

生态产品是公共产品，与人的因素密切相关，近代以来生态失衡的出现主要是人类活动造成的。一方面，公共产品需要政府提供（治理），另一方面，市场主体又是导致生态变化的重要因素。例如，资源有偿使用制度，应由政府主导制定，收益中的部分应用于生态治理，同时政府应积极进行过程与结果的监管。从目前情况看，由于上述问题没有理顺，政府对生态环境等公共品治理程度严重不足，对市场主体的行政监管和法律约束不力。

## 2. 制度问题是导致生态失衡的重要原因

中国生态环境制度领域的主要问题归纳为：一是在一些关键的、脆弱的生态领域缺乏有效制度约束；二是部分已有的制度尚不完善；三是各级政府对制度的执行力较差，或对生态领域足够重视。以下是制度领域不足导致生态失衡的几个重要原因。

1）国民核算体系对生态影响的考量不足

国民核算体系对生态影响的考量不足，既反映了基本制度的缺失，又是导致具体政策执行不力的重要原因。中国现行的国民核算体系（《中国国民经济核算体系（2002）》）于 2003 年开始实施。从名称上看，是以"经济"而非财富为核心的核算体系，其直接对应的是狭义的"经济增长"，对更广义的"经济发展"缺乏有效的描述或衡量。从对象上看，其核算的资产是指经济资产，并要求已确权和能获利两个条件，将非商品性的生态资产排除在外。从核算范围上看，基本上仅限于经济活动，而不是更广泛的社会经济活动，通常只给出财富消费和分配的总量，对结构和过程的考量较弱,对生态的影响难以测度且没有包括其中。

现行核算体系对经济增长(尤其是中间过程)中给生态环境带来的外部性影响没有统计与核算。从现有核算体系中最重要的总量指标 GDP 与生态环境的关系来看,一是没有将自然资源的损耗、环境及生态损害等全部计入完全成本,二是产出的核算原则依据的是市场价格,没有充分考虑到自然资源的稀缺性,导致资源浪费和 GDP 虚增等问题,这些负面影响有些在短期内是无法显现的。

2)政绩考核体系重经济增长轻质量与效率

考核指标是当前政府政绩考核体系的核心内容,尽管近年来中国不断调整和完善政绩考核指标体系,但总体上看仍属于"打补丁"式的调整而难以避免以经济增长为核心的政绩考核,以"一票否决"的形式将近期强调生态环境类的指标嵌入原有考核指标体系中,缺乏对生态文明建设及经济社会全面、协调、可持续发展的总体考量。

政绩考核体系重经济增长轻质量与效率的问题仍然广泛存在,表现在:一是经济增长指标地位虽有所下降,但仍是最具重要性的考核内容,从生态环境影响考虑的质量指标和从资源合理利用考虑的效率指标仍难以有效实施统计与考核;二是对政府履行监管(尤其是涉及生态环境保护的社会性监管)与治理的考核内容很少,不利于激励政府自觉地治理生态失衡问题;三是考核体系中增加了一些资源环境类指标,但大多数仍处于从属地位(权重较低),重污染防治、轻生态保护,对生态环境的承载力这一红线考虑不足;四是缺乏对地区间考核指标统一性与差异性的考虑,主体功能区及其生态环境差异难以在地市一级政府考核中有效体现。

3)资源管理体制与资源管理在国家管理体系中的定位不匹配

受对资源认识的变化、资源需求的变化及经济体制改革等方面的共同影响,中国的自然资源管理体制经历了 20 世纪 80 年代以前的"大分散小集中阶段"、80年代初至 90 年代末的分散与集中交织的过渡性阶段、90 年代末至 2008 年的大集中格局逐渐形成阶段、2008 年以来资源管理开始参与宏观调控的阶段。

中国资源管理体制改革远远不如预期,目前仍存在诸多与改革和发展方向不适应、多元利益不协调的问题,主要表现在:公共管理与业主管理交织、部门管理与属地管理交织、计划管理与市场管理交织等方面[①]。资源管理体制存在的种种问题,阻碍着中国向生态文明迈进,究其原因在于:资源统一管理尚未真正形成,资源管理的系统性问题仍然严重,公共资源管理方式欠妥,资源部门管理与属地管理之间的关系尚未理顺,部门分割、城乡分割的管理体制依然存在等。

---

① 国务院发展研究中心. 改革攻坚(上)——改革的重点领域与推进机制研究. 北京:中国发展出版社,2013.

4）现有机制下形成的资源价格不能真实反映资源的稀缺性、外部性等

合理的价格形成机制是引导资源有效配置的关键手段，价格机制不正常就不能形成合理的资源价格，必然导致资源利用不合理。中国资源各领域的价格形成机制有所不同，总体而言，以政府干预价格（政府指定价和政府指导价）为主、市场定价为辅，一些领域企业垄断定价的现象时有发生。

中国的资源价格形成机制主要存在以下问题：一是政府定价仍然比较普遍，一些资源价格长期处于低位，不能反映资源的真实价值，导致粗放式开发利用长期存在；二是全生命周期的成本核算价格没有得到很好推行，资源或资源性产品的各类价值形式的形成机制不健全；三是能源等价格存在脱节现象，导致传导机制不顺，品种间、上下游间价格矛盾突出，影响资源有效配置。

5）体制不顺、机制不活导致生态环境治理能力较弱

生态环境是公共产品，需要政府提供并得到公民的广泛参与。从目前情况看，政府的生态环境治理能力尚不能有效提供公共产品并保证其质量。中国生态环境治理面临的困难与治理主体（政府）相关，生态环境的治理体制、治理机制直接决定了治理能力不足，主要表现为：一是监管动力不足，由于缺乏激励约束相容的机制安排，地方政府主动监管动力不足，没有尽到法律意义上的责任。通常情况下，地方政府很难在经济增长与生态保护之间做出最优选择；二是监管能力不足，地方政府的人财物及技术力量不足是难以施行有效治理的因素之一；三是公众参与不足，广泛的利益表达机制、有效的监督机制、制衡机制还远未形成。总体上说，中央地方权责安排导致的生态环境治理的财政能力、执行能力不足造成了生态环境治理能力不足，也形成了"重金山银山、轻绿水青山"的反向激励。从经济学与政治学角度看，信息不对称、权利不对称是造成中国体制不顺、机制不活的一个重要原因。

6）缺乏有效的具体政策——生态补偿机制尚未根本确立

生态补偿机制是通过市场手段实现生态保护的重要手段，虽然中国已取得积极进展，但涉及利益关系复杂，对规律认知水平有限，具体实施难度较大，还存在一些突出的矛盾和问题[①]。第一，生态补偿力度仍显不足，表现为补偿范围窄，补偿标准普遍偏低，补偿资金来源渠道和补偿方式单一。第二，配套的基础性制度建设有待完善，最重要的是产权制度不健全，部分省级主体功能区规划尚未发布，基础性工作和技术支撑性工作不到位。第三，保护者和受益者权责不明晰，落实不到位，对利益受损者的合理补偿不到位，地方政府的生态保护责任不到位，履行补偿义务的意识不到位。第四，多元化补偿方式尚未形成，横向补偿严重不

① 2013 年 4 月 23 日，第十二届全国人民代表大会常务委员会第二次会议上《国务院关于生态补偿机制建设工作的报告》。

足。第五，政府法规建设滞后，相关制度权威性、系统性、约束性、可执行性不强，对补偿过程缺乏监管，对补偿效果缺乏评价。

## 附件2 转变发展方式是建设生态文明的重要途径

### 一、建设生态文明是转变发展方式的重要取向

转变发展方式与建设生态文明之间存在着内在的密切联系。在科学发展理念和永续发展战略目标的统筹下，转变发展方式与建设生态文明二者之间是辩证统一、有机结合的关系，是互为因果、相辅相成的。一方面，二者所体现的基本精神是一致的，都体现了科学发展、可持续发展的精神实质；二者的方向和目的也是一致的，都是为了实现人类、自然、经济、社会的协调统一，实现永续发展。另一方面，二者在手段和措施上也基本是一致的，建设生态文明就是要将转变发展方式放在突出位置，如以优化经济（产业）结构来减轻资源和环境的压力，从源头上遏制对自然的过度索取和对生态的破坏。

当代中国的经济发展方式是以破坏资源、牺牲环境为代价的。这和节约资源、保护环境的生态文明理念背道而驰。因而，建设生态文明，必须加快实现发展方式的根本转变。

生态文明建设就是要走一条符合中国国情的可持续发展道路，具有低投入、低消耗、低排放、可循环、高效益、可持续的特点，这也正是新的发展方式的基本特征。敬畏自然→尊重自然→保护自然是人类自然生态观念变迁的基本方向，资源节约、环境友好是发展方式生态化转变的基本要求，中国已从推进生态文明建设入手促进加快转变发展方式，涉及资源与环境方面的考核指标约束性越来越强，表明中国已开始重视生态红线对转变发展方式的约束作用。《中共中央关于全面深化改革若干重大问题的决定》明确要推动形成人与自然和谐发展现代化建设新格局，指出了生态文明建设和转变发展方式的重要目标。

### 二、建设生态文明是转变发展方式的重要目标

生态文明建设需要采取与之相适应的发展方式，要求以积极推动全面、协调、可持续发展，注重人类与自然、经济、社会的协调发展为基本方向；不仅要在数量上实现经济增长，更要注重经济质量改善和效益提高；不仅注重经济指标的单项增长，注重经济、社会的综合协调发展，更注重在生态承载力范围内实现全面发展。因此，要转变传统的、粗放型增长的、通常只重数量增长的、不可持续的、

旧的发展方式，将经济增长与生态环境保护脱节甚至对立的发展方式转变过来，在未来发展中正确处理好经济增长速度与提高发展质量的关系；处理好追求当前利益与谋划长远发展的关系，其中包括对经济结构、制度结构、资源结构、生态结构和环境结构等的改进与转变。可以说，这种改进与转变也是生态文明建设的重要内容。

## 三、生态文明建设是转变发展方式的科学依据、标尺和助推器

党的十八大报告中提出的关于生态文明建设的理念、途径、方针和目标，为转变发展方式提供了思想理念、价值取向、评判标准、目标方向和路径选择。生态文明建设将通过变革经济领域的产业结构、生产方式、消费模式、贸易方式，转变精神领域人的世界观、价值观，创新社会管理方式，从而多层次、多角度地指引加快经济发展方式的转变。生态文明建设会促进新兴产业、环保产业、低碳产业和绿色产业等生态产业的发展，会加快现代产业新体系的构建，引导开放型经济发展新优势的培育，从而大大拓展经济社会发展的承载空间和增加国际市场的发展空间。同时，生态文明建设也是拉动内需、刺激经济增长的重要方式。在发展经济的同时，对生态环境的整治及优化、新型能源和资源利用、农村环境基础设施等项目的开发，不仅是经济发展的新的增长点，也是经济与社会发展的巨大推动力，这对经济社会发展和生态环境保护无疑是十分有利的。

## 四、转变发展方式是实现生态文明的重要途径

加快转变经济发展方式才能确保资源支撑，才能确保经济社会发展中人对自然的索取和对生态的影响不突破生态承载力。新的发展方式要求经济发展要立足于改善质量和提高效益，要求从粗放增长转变为集约节约增长，从主要依靠物质资源的消耗转向主要依靠科技进步、劳动者素质提高和管理创新，让生态农业、低碳工业和现代服务业得到充分发展，绿色经济、循环经济、低碳经济所占比重不断扩大，减少对资源的依赖和对生态环境的影响，只有转变为这样的发展方式，才能真正实现资源节约、环境友好、人与自然和谐相处的生态文明的建设要求。可以说，发展方式转变到什么程度，生态文明建设水平才会提高到什么层次。因此，转变发展方式是实现生态文明的必然途径，要开展生态文明建设必须加快转变发展方式。

# 附件 3 转变发展方式与能源革命

## 一、国内外形势要求中国大力推动能源革命

中国的改革发展面临着复杂多变的国内外形势，日益深刻的经济全球化和全球气候变化问题，以及世界范围内的能源革命步伐为中国能源大转型提供了难得的机遇；国内开始强调生态文明建设，提出要在生态红线内保证经济稳定增长，这为中国能源大转型提出了方向。目前，中国总体上仍是低效、粗放、污染型的能源体系，旧的发展方式及体制机制障碍是中国实现能源革命的重大挑战。要实现中国的能源革命，必须加快转变发展方式，才能促进中国能源体系向高效、清洁、低碳、安全的现代能源体系转变。为此，推动能源生产与消费革命是解决清洁能源短缺、环境污染、全球气候变化问题的必然选择。

## 二、以转变发展方式推动能源革命

转变发展方式具有丰富的内涵，是推动能源革命的重要途径。

从着力点上看，一是城镇化率在未来 20~30 年应该还有 20 个百分点以上的增长空间；二是产业升级达到当前发达国家的水平还将有 30%~70%的提升空间；三是消费升级收入倍增规划的实施将有助于提高消费比重、转变经济结构；四是更大程度、更高质量地融入全球分工体系，参与国际能源合作的机会增加；五是新能源、互联网等领域已表现出巨大的创新潜能。

从推动力上看，一是制度创新与体制变革是重要基础与保障，制度创新将有利于能源结构优化，有利于形成高效的能源管理制度与合理的能源价值链规则；二是文化体制改革可为合理的能源消费提供思想与理念保障，可为能源消费革命打好群众基础并提供精神动力；三是科技体制改革与创新将建设创新型国家，可为能源革命提供可靠的技术支撑；四是生态文明建设可为能源革命提供良好的外部环境。

## 三、转变能源发展方式的主线

转变能源发展方式是"十二五"和未来十年能源发展的主线①，针对中国目前的经济社会发展和能源供需形势来说就是要实现"以科学的供给满足合理的消

---

① 冯飞，《转变能源发展方式存在四大问题》，载于国务院发展研究中心信息网，2011 年。

费"。转变能源发展方式需要解决以下重点问题：一是能源消费总量是多少，科学、合理、小康水平的人均能源消费水平应该达到何种程度，具体来说是如何实现消费侧的管理；二是能源供给结构如何调整，具体来说是如何实现清洁化、低碳化目标；三是节能目标设定如何实现最优，具体来说是如何实现在保障经济社会发展的前提下实现能源消费最小化；四是如何推动能源体制和机制改革，具体来说是在能源领域发挥市场的决定性作用，同时更好地发挥政府作用；五是如何在国际能源治理中处于有利地位或是地区领导地位，具体来说是在国际能源格局中如何利用好国外资源、国外市场，中国如何在国际能源舞台中发挥更大的作用并提高话语权，如何通过外交、军事、政治、经济等手段保障中国的能源供给安全。

# 专题四　生态文明的概念、时代背景、内涵和重大意义

## 摘　　要

伴随着经济发展，工业文明带来了一系列严重的生态环境问题，国际社会逐渐认识到了保护生态环境的重要性，各国也都对新的发展方式开展了诸多探索。与国际社会相同，中国在目前资源环境约束愈发紧迫、生态容量十分有限的现实条件下，正寻求一条既能保证经济增长和社会发展，又能维护生态良性循环的全新发展道路。

## 一、国际上发展理念的变迁和相关实践

审视发展理念变迁和生态治理模式实践，可持续发展和生态文明建设是全球背景下的必然发展模式。

### （一）纵向时间节点的发展理念变迁

从发展理念的纵向时间节点来看，20 世纪 60~70 年代第一次环境运动中，环境保护与经济发展是两个割裂的思想，学者较多地关注对各种环境问题的描述和渲染它们的严重影响，常常散发着对人类未来的悲观情绪甚至反对发展的消极意识，仅限于从技术层面讨论问题，就环境论环境，较少探究工业化运动以来的人类发展方式是否存在问题，其结果是对旧的工业文明发展理念的调整或补充。

20 世纪 90 年代以来第二次环境运动则要求将环境与发展进行整合性思考，重在探究环境问题产生的经济社会原因及在此基础上的解决途径，弘扬环境与发展双赢的积极态度，强调从技术到体制再到文化的全方位透视和多学科的研究。洞察到环境问题的病因藏匿于工业文明的发展理念和生活方式之中，要求从发展的机制上防止、堵截环境问题的发生，因此更崇尚人类文明的创新与变革。

国际上可持续发展概念的提出和深化如图 1 所示。可持续发展、绿色发展和

低碳发展是三个不同层次的概念。可持续发展强调经济、社会、环境三者的协调发展，涵盖的范围最广；绿色发展强调经济发展和环境保护相协调，强调不能以牺牲环境为代价换取经济增长；低碳发展更多的是从应对气候变化的角度出发，强调经济发展与碳排放脱钩，以较低的碳排放支持经济增长。国际上普遍将发展循环经济、提升能效、环保低碳产业等视为促进低碳发展的主要方式。

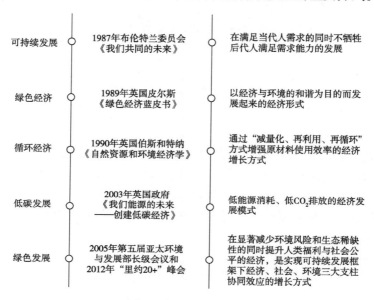

图 1　发展理念的提出

## （二）生态治理模式和实践的横向比较

发达国家近两百年的工业化进程中出现了几类不同的生态环境治理模式和实践阶段，形成了英国的"先污染后治理"实践模式、美国的"边污染边治理"实践模式，以及北欧部分国家的"减污染早治理"实践模式。

### 1. 英国生态治理实践

作为首先开始工业革命的国家，英国于 1780~1880 年第一个百年间创造和积累了前所未有的巨大财富，但工业革命初期资本主义的逐利性和环保意识的缺乏使得企业最大限度地掠夺自然资源，并无限制向环境中排放废物，最终导致生态系统遭到了极大的破坏。

由于公众和社会反应的不断加剧，英国议会开始对环境问题进行调查，并在掌握大量数据事实的基础上开始了环境法律和条例的制定及实施，先后颁布了包括 1843 年控制制碱工业产生废气的《碱业法》、1847 年禁止污染公共用水的《河道法令》、1848 年规定将废水和废弃物集中处理及地方当局供应清洁卫生的饮用水的《公共卫生法》、1876 年《河流污染防治条例》等。上述法律和条例的实施取得了一定成效，但仍未有效抑制环境的持续恶化。19 世纪中期，英国先后爆发了四次水污染事件，引起的霍乱导致数以万计的人丧生；1950 年前的 100 年中伦敦大约有十次大规模的烟雾事件；1952 年标志性的伦敦烟雾事件更是造成了 4 000 多人死亡。在煤炭能源的过度使用引发了一系列严重公害事件之后，英国于 1953 年通过《大气清洁法》，通过设立无烟区、严格规定燃料类别、禁止黑烟排放，加大推进能源的"降煤增油增气"战略，有效减轻了煤炭使用带来的一系列严重环境问题。在水资源方面，1960 年英国通过《清洁水法》，在原有《公共卫生法》《河流污染防治条例》相关法律基础上进一步强化水资源的保护，并在此后不断完善和形成系统的环境污染控制法律体系。

可以说，英国的环境治理开创了人类史上解决工业污染问题的先河。由于没有任何先例可循，英国的环境保护严重滞后于工业化，导致英国的经济发展建立在环境代价基础上。也正是因为早期饱受严重生态环境破坏之苦，英国在之后一直非常注重生态资源的保护，大力推进能源转型，在 2003 年《我们能源的未来——创建低碳经济》中第一次提出低碳经济的概念，并成为全球第一个将"气候变化"纳入法律的国家。

### 2. 美国生态治理实践

美国等发达国家于 19 世纪中下叶开始走上工业化、城镇化道路，在此过程中虽然仍不可避免对生态环境产生一定影响，但这一时期主要发达国家在经济发展达到阶段性水平的同时开展了与认知水平和技术发展水平相一致的生态治理，即"边污染边治理"的道路，并逐步形成系统的环保政策法规体系和技术、工程体系。代表国家为美国、日本、德国、法国等主要发达国家。

工业化帮助美国从一个农业国家变为工业强国，也使美国在 19 世纪中后期开始面临英国工业化进程中遇到的自然资源加剧破坏的问题。此时美国民间的环境运动开始兴起，在约翰·缪尔等美国最早一批自然保护者的极力倡导下，美国于 1872 年出台法令设立第一个国家公园，1890 年正式通过国家公园法案，并于 19 世纪末期 20 世纪初期设立了包括优胜美地、加利福尼亚州红杉国家公园等一大批国家公园和国家公园管理局，成功阻止了自然资源的进一步破坏。20 世纪上半叶，由于工业化进程中现代化农具的大规模应用和深耕制度的实行，北美大平原地区表土层遭受了严重破坏并引发草场退化，在 20 世纪 30 年代遭遇常年干旱和风沙侵蚀的条件下，爆发了大规模的黑色风暴（沙尘暴）事件。在意识到土壤保持的重要性后，美国议会于 1935 年批准通过《土壤保持法》，在农业部下建立水土保持局，开始有计划的水土保持工作，并逐步发展为小流域综合治理。但是，工业化带来的城市污染未能得到有效遏制，在 20 世纪中叶，以水污染、空气污染为代表的局域性环境污染物达到一个高峰水平。为解决严峻的环境污染问题，美国在 1970 年成立环境保护局，并在 20 世纪 70 年代集中颁布了《清洁水法》《清洁空气法》等一系列污染治理法案，对水污染施行严格的总量减排，并根据不同地区的空气质量要求制定了严格的标准，有效实现了区域性污染物的治理，并在后期创新性地通过排污权交易等市场手段有效推进了二氧化硫等污染物的低成本减排。

### 3. 北欧生态治理实践

与英国、美国、日本等发达国家不同，有少数欧洲国家在工业化、城镇化过程中有意识地将环境放在了极为重要的位置，一方面减少污染排放，根据认知水平及早治理发现的环境问题，另一方面发展污染低、技术密集型的产业以避免对环境的急剧破坏，取得了明显优于其他发达国家的成绩。代表国家为瑞士、丹麦等北欧国家。

瑞士风光秀丽但是资源能源十分贫乏，在工业化、城镇化过程中，瑞士极为注重利用自身优势，发展与自然条件紧密融合的产业，规避劣势，迅速发展，打造体量小、价值高、污染少的金融业、旅游业、精密机械制造业、精细化工等高端产业。因此，瑞士的第三产业极为发达，第三产业对 GDP 的贡献约为第二产业的 2.5 倍。另外，瑞士历来极为重视资源和环境的保护。早在 19 世纪下半叶，由于工业化发展的需要大量森林遭到砍伐，森林覆盖率迅速下降并导致洪水频发。瑞士各州在地方层面建立了森林保护相关法律，于 1874 年将山地森林保护写入宪法，并于 1876 年在联邦层面颁布第一部保护山地森林资源的《森林法》。在水资源保护和利用开发上，瑞士于 1877 年出台联邦层面的《水利工程法》，积极应对森林砍伐带来的洪水灾害。紧接着，1916 年进一步颁布《水力资源开发法》，对水力资源的开发做出了详细规定。在洪水灾害得到控制、水力资源开发得到科学推进后，在 1953~1991 年瑞士着力推进水质保护，于 1955 年颁布了《水保护法》，并于 1971 年、1991 年进行了修改，就工业、农业等领域的排污水平做出详细规定。瑞士同时非常注意资源的节约利用，其可利用水资源量是欧洲平均水平的 3 倍，但是取水量约为可利用水资源量的 4.5%，人均取水量远低于 OECD 国家水平。1993 年瑞士水污染控制相关的支出达到 16.9 亿瑞士法郎，光水污染一项支出便达到 GDP 的 0.5%。在空气质量标准上，瑞士一直处于 OECD 国家中的领先位置。20 世纪 80 年代以来，由于个人交通出行需求快速增长，交通排放带来的污染物也大幅增加。瑞士 1985 年率先于其他发达国家在《清洁空气法案》下出台了引擎排放标准并陆续优化和更新，成为欧洲汽车尾气排放标准最严格的国家。进一步，1993 年在全球范围内首次对机动车开征环保税，并在许多交通基础设施建设上都考虑了环境影响。

丹麦在发展低碳能源方面走在了世界的前列。作为世界上首先设立环境部的国家之一，丹麦于 20 世纪 70 年代石油危机之后就把发展低碳经济置于国家战略高度，在 1976 年建立丹麦能源署，其目的是解决国内能源安全问题。1980~2005 年，丹麦能源结构不断优化，石油和煤炭消费均减少了 36% 左右，天然气消费增至 20%。此外，丹麦还着力发展可再生能源，意图将自己打造成"风能大国"。在 2005 年可再生能源比重超过 15% 的基础上，丹麦设立了到 2030 年风能 50%、太阳能 15%、其他可再生能源 35% 的雄心勃勃的目标，并力争在 2050~2070 年实现 100% 可再生能源供给。在上述措施的综合作用下，近 30 年来丹麦经济增长了 45%，$CO_2$ 排放量却减少了 13%，成为少数实现经济增长和碳排放脱钩的发达国家之一。

中国仍将处于工业化和城镇化加速发展阶段，面对资源约束趋紧、环境污染严重、生态系统退化的严峻形势。在上述三种生态治理模式中，由于资源环境承载力约束，中国已经没有继续排放污染的资本和条件，因此"减污染早治理"模式是优先选择的治理模式，在此模式下，从源头上扭转生态环境恶化趋势，确保生态文明建设扎实展开，全面推进资源节约和环境保护。

## 二、中国发展理念的变迁与生态文明的提出

中国发展理念和生态约束表明，必须树立尊重自然、顺应自然、保护自然的生态文明理念，必须以深化改革和加快转变经济发展方式为着力点，把推动发展的立足点转到提高质量和效益上来。

### （一）中国发展理念的历史变迁

改革开放以来，随着中国对人与自然的关系的认识不断深化，中国政府先后提出了一系列解决资源、环境问题的战略思想，做出了一系列相关部署（图 2）。特别的，2005 年年底《国务院关于落实科学发展观加强环境保护的决定》提出：环境保护工作应该在科学发展观的统领下"依靠科技进步，发展循环经济，倡导生态文明，强化环境法治，完善监管体制，建立长效机制"；2007 年，党的十七大报告进一步明确提出了建设生态文明的新要求，并将到 2020 年成为生态环境良好的国家作为全面建设小康社会的重要要求之一；2010 年，党的十七届五中全会明确提出提高生态文明水平，大力推广绿色建筑、绿色经济、绿色矿业、绿色消费模式、政府绿色采购，同时，"绿色发展"被明确写入"十二五"规划并独立

成篇，表明中国走绿色发展道路的决心和信心。

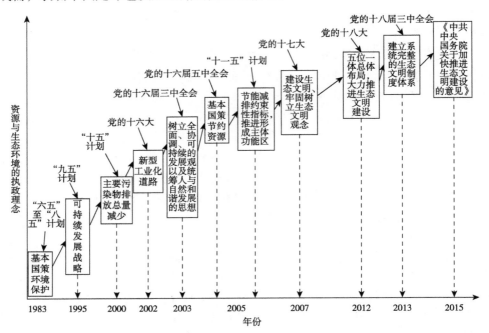

图 2　1983 年以来中国资源与环境问题的执政理念

2012 年，党的十八大报告中系统化、完整化、理论化地提出了生态文明的战略任务，特别提出"要把资源消耗、环境损害、生态效益纳入经济社会发展评价体系，建立体现生态文明要求的目标体系、考核办法、奖惩机制"，将生态文明建设纳入社会主义现代化建设"五位一体"总体布局。这是党基于对当今世界出现的能源资源环境瓶颈约束、气候异常变化、经济社会发展不可持续等问题的科学分析，是党在领导人民建设中国特色社会主义实践中认识不断深化的结果，进一步丰富了科学发展观的内涵，标志着党对经济社会可持续发展规律、自然资源永续利用规律和生态环保规律的认识进入了新境界。这一决策既能够赢得全国人民的拥护，使其更加积极主动地投入生态文明建设之中；又能够把中国人民与世界各国人民紧密连接在一起，共同保护地球生态系统，进一步体现发展中大国的责任意识和维护全球生态安全的高姿态。2013 年党的十八届三中全会提出，建设生态文明，必须建立系统完整的生态文明制度体系，实行最严格的源头保护制度、损害赔偿制度、责任追究制度，完善环境治理和生态修复制度，用制度保护生态环境。

总之，生态文明与中国一贯倡导和追求的理念是一脉相承的，是对中国资源和生态环境问题的新概括与再升华。中国政府对经济社会发展观的变化，是对人类发展理念的重大贡献，符合全体中国人民的最长远利益，也是中国参与国际竞争的最大软实力。

## （二）生态约束要求走生态文明道路

中国当前已进入累积性环境污染健康危害的凸显期和环境健康事件的频发期，环境中污染物种类繁多、数量大，严重威胁人体健康，并深刻影响了人民生活质量的改善。同时，中国生态环境承载力非常有限，中国目前的发展已经迫近生态红线，现实环境和资源约束迫使我们走生态文明道路。

### 1. 生态容量十分有限

受长期粗放型增长方式驱动，中国主要污染物排放量迅速增长，超过生态容量，环境污染呈明显的结构型、压缩型、复合型特点，各类型污染事故频发，已经进入环境问题集中爆发阶段。大气质量方面，空气污染呈现由局地向区域蔓延、$PM_{2.5}$ 和臭氧等新型污染物影响显现、酸雨污染加重蔓延、有毒有害废气治理滞后等特点，区域环境空气质量不断恶化。按照新修订的环境空气质量标准评价，2015年，在全国 338 个地级以上城市中，有 78.4%的城市空气质量达不到国家二级标准，6 亿多人口生活在不达标的大气环境中。水环境方面，2014 年，全国地表水整体为轻度污染，地下水处于较差、极差级别的过半，有近 3 亿农村人口喝不上安全的饮用水，有 9 000 多万城镇人口集中饮用水源地不达标。生态环境方面，全国水土流失面积占国土总面积的 37%，荒漠化土地面积占国土总面积的 27%，全国 90%的草原出现退化。

与发达国家相比，中国人口相对密集，能源特别是煤炭消费强度过大，进一步限制了未来能源消费增长空间。据 IEA 统计，2011 年，中国煤炭消费总量达27.76 亿吨标准煤，占全世界的 50.5%，分别是美国、欧盟、日本的 4 倍、7 倍和18 倍。从单位国土面积煤炭消费量看，中国煤炭消费强度分别是美国、欧盟的 4.0倍、3.1 倍。如果考虑到中国的人口主要集中在中东部地区，一些城市密集地区实际的煤炭消费强度更高。例如，京津冀地区单位国土面积煤炭消费量明显高于全国平均水平，北京、天津、河北单位国土面积煤炭消费量分别是全国平均水平的4.0 倍、13.1 倍和 4.6 倍，邢台等个别城市单位国土面积煤炭消费量甚至是全国平均水平的数百倍。在大力治理雾霾、加快生态文明建设背景下，中国面临的生态环境约束更加严峻，实际的煤炭消费增长空间非常有限。

### 2. 资源环境约束加剧

首先，资源是经济社会发展的物质基础，要实现 13 亿人口的全面小康，对资源的需求是巨大的。但中国资源禀赋先天不足，石油、天然气、煤炭、淡水、耕地等战略性资源人均占有量只有世界平均水平的 7%、7%、67%、28%、43%左右，对中国发展形成严重制约。特别是能源，2015 年中国能源消费总量达 43 亿吨标准煤，煤炭消费量占能源消费总量的 64%，石油对外依存度首次突破 60%。同时，中国发展方式粗放、资源利用效率不高、各种浪费现象严重。2015 年，中国 GDP 约占世界的 15.5%，但消耗了全球约 50%的煤炭、57%的水泥。随着工业化、城镇化快速发展，能源资源供需矛盾将更加突出。

其次，良好的生态环境是时代和社会进步的新要求，是人民群众的新期盼。中国环境污染问题仍然严峻，空气质量较差，2014 年年初出现的大范围、长时间严重雾霾，影响面积 130 多万平方千米，影响人口达 6 亿。饮用安全受到威胁，许多人饮用水不达标。一些重点流域、近海海域水污染及湖泊富营养化严重，重金属污染、草原退化、水土流失、土地沙化、石漠化等问题突出。这些问题给人民群众身体健康和生活质量带来损害，甚至引发群体性事件。

只有以生态文明建设为抓手，转变发展方式，推动资源利用由粗放向集约高效循环转变，才能使有限的资源发挥最大的效果，破解资源环境瓶颈约束，为全面建成小康社会提供物质支撑；只有践行以人为本、执政为民，加快推进生态文明建设，推动生态环境由"先污染后治理""先破坏后修复"向保护优先、自然恢复为主转变，才能建成美丽中国。

## （三）生态文明的概念和内涵

工业文明是以工业化为重要标志、机械化大生产占主导地位的一种现代社会文明状态。工业文明的理论基础是市场经济，以在资源紧缺情况下的供求变化为基础，最大缺陷是对地球资源的急剧消耗与加速污染。与工业文明不同，生态文明强调人类要约束自己的行为，从不顾环境、片面地追求发展，到不触碰生态红线、充分考虑资源环境约束下的发展。

按照人类文明形态的演变进程，国内外不同学者对生态文明进行了定义，从不同角度给出了见解，大致有以下几种：

（1）对生态文明有不同角度的理解。从广义的角度，生态文明是人类的一个发展阶段。这种观点认为，人类至今已经历了原始文明、农业文明、工业文明三个阶段，在对自身发展与自然关系深刻反思的基础上，人类即将迈入生态文明阶段。从狭义的角度，生态文明是社会文明的一个方面。生态文明是继物质文明、精神文明、政治文明之后的第四种文明。物质文明、精神文明、政治文明与生态文明这"四个文明"一起，共同支撑和谐社会体系。

（2）生态文明是一种发展理念。生态文明与"野蛮"相对，是指在工业文明已经取得成果的基础上，用更文明的态度对待自然，拒绝对大自然进行野蛮与粗暴的掠夺，积极建设和认真保护良好的生态环境，改善与优化人与自然的关系，从而实现经济社会可持续发展的长远目标。

从发展历程来看，生态文明是继原始文明、农业文明、工业文明之后的一种新的文明形态；从与其他文明形态的区别来看，生态文明是相对于高能耗、高消耗，污染和生态破坏严重的工业文明而言的，它强调高效率、高科技、低消耗、低污染、整体协调、循环再生与健康持续（图 3）。生态文明理念的实质是将生态环境作为人类持续健康发展的基础，任何超出生态承载力的发展，都将带来不良甚至是严重的后果。

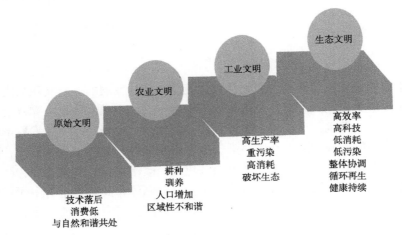

图 3　生态文明与其他文明形态的比较

总体来说，生态文明是人类为保护和建设美好生态环境而取得的物质成果、精神成果和制度成果的总和，是贯穿于经济建设、政治建设、文化建设、社会建设全过程和各方面的系统工程，反映了一个社会的文明进步状态，以及人类对经济发展和生态环境辩证关系的思考。

生态文明建设是关系中国发展全局的战略抉择，建设生态文明，要以把握自然规律、尊重自然为前提，以人与自然、环境与经济、人与社会和谐共生为宗旨，必须以深化改革和加快转变经济发展方式为着力点，把推动发展的立足点转到提高质量和效益上来。

# 专题五　建设生态文明实现能源变革和革命的路径研究

## 摘　　要

生态文明是人与自然和谐相处、良性互动、持续发展的一种文明形态，是比工业文明更高级的文明形态。改革开放三十多年来，中国经济建设和社会发展取得了显著成绩，但也付出了较大的资源和环境代价。在新的国内外发展形势下，面对日益严峻的资源约束、环境污染、生态退化形势，党的十八大提出，要把推进生态文明建设放在突出地位，融入经济建设、政治建设、文化建设、社会建设的各方面和全过程，纳入中国特色社会主义事业总体布局。这是对中国特色社会主义规律认识的不断深化，是一次重大的理论创新，具有重大的现实意义和深远的历史意义。

## 一、能源革命与生态文明的关系

能源是人类社会存在和运行的重要物质基础，在人类文明发展历史上，原始文明、农业文明、工业文明的发展演变，往往伴随着能源生产和利用方式的根本性变化。特别是进入工业化阶段以来，以蒸汽机、电力的发明应用为主要标志的工业文明，极大地促进了化石能源的开发利用，从根本上改变了人类生产和生活形态。但同时，大规模开发利用化石能源带来了严峻的资源、环境和生态危机，人类发展亟待从工业文明阶段尽快发展到生态文明阶段。作为全球最大的发展中国家，中国在世界上第一个明确提出把生态文明建设作为国家战略，是一场不亚于改革开放的新的伟大革命，在人类发展历史上具有重要开创意义。

### （一）能源革命在生态文明建设中居于核心地位

能源是经济社会发展最重要的基础原材料，能源开发利用水平是一国经济社会发展水平、资源产出效率、综合国力和竞争力的重要标志，其生产、消费全过程直接和间接对生态环境带来重大影响。长期依靠粗放型能源发展方式，不仅是造成中国大气、水、土地等生态环境水平严重破坏的直接原因，也是造成中国经济发展方式粗放、质量效益低下的重要因素。在新的国内外形势下，中国传统能源发展方式已经到了加快革命的关键阶段。

党的十八大提出建设生态文明，并将其融入经济建设、政治建设、文化建设、社会建设各方面和全过程，既是着眼于从根本上解决中国面临的资源、环境、生态问题，更是把推动能源生产和消费革命作为生态文明建设的重要杠杆及抓手，有利于促进中国发展方式、增长质量、生态环境水平实现根本性改善。在推动生态文明建设过程中，促进国土功能布局合理优化、大幅提高资源利用效率、改善生态环境质量等各个方面，都涉及了能源生产消费总量、结构、技术、布局的根本性变化。推动能源生产和消费革命，将对中国加快建设生态文明发挥重要的基础性作用。

### （二）推进生态文明建设对能源革命提出了更高要求

与发达国家相比，中国人口众多、人均资源相对不足、能源资源禀赋较差、生态环境比较脆弱，经济社会发展水平普遍较低，虽然从整体上看，中国已经步入工业化中后期发展阶段，但还有很多地区处于工业化初期和前期发展阶段，并且工业化发展水平与发达国家相比还存在明显差距。在建设生态文明背景下，为实现"三步走"战略目标、美丽中国和中华民族永续发展目标，中国能源发展面临前所未有的压力与挑战。

以应对雾霾问题为例，在经济社会加快发展、能源消费持续上升背景下，要达到新的空气质量改善目标，意味着全国主要污染物排放总量要削减70%~80%。如果以单位国土面积煤炭消费量衡量，要达到目前美国、欧盟水平，中国京津冀等地区煤炭消费总量要削减90%以上。今后一段时期，随着中国加快建设生态文明和居民环境意识觉醒，中国能源发展面临的总量控制、结构调整、技术升级、优化布局等压力十分严峻。在当前煤炭产能普遍过剩、能源和电力消费增速放缓的情况下，在保障未来经济社会发展的合理能源需求增长前提下，进一步全面推进生态文明建设，中国能源发展面临加快革命转型的硬约束。

## 二、中国能源与节能发展战略演变

回顾中国发展历史，在不同经济发展阶段、针对不同具体问题，相应能源与节能战略的侧重点并不相同。在相当长时期，中国能源战略侧重生产侧，强调扩大生产、保障能源供应；节能战略侧重消费侧，强调节约能源、提高能效。能源生产与消费战略一直呈割裂状态，能源发展与经济社会发展的关系只是简单的单向支撑、保障关系。从具体演变历程来看：

在计划经济时期，由于煤炭、石油、电力等长期供应不足，并且由国家计划组织生产和分配，能源政策的重点是加快产能建设，保障可靠供应。节能政策的重点是缓解供应短缺，主要采取计划定额管理、开展群众运动、组织宣传教育等方式，付出的社会成本代价巨大，但对技术进步的实际推动作用并不显著。

1978 年以后，中国确定了"以经济建设为中心"的发展方针，能源短缺成为普遍现象。为缓和电力、燃料等能源供应紧张局面，中国制定了"开发与节约并重，近期把节约放在优先地位"的指导方针，在继续加快发展能源工业的同时，开始把节能纳入国民经济规划，成立了专门机构，并组织开展了一系列政策行动。

20 世纪 90 年代，随着社会主义市场经济体制逐步建立，中国能源与节能发展开始探索基于法治和市场的手段，价格、财税、标准等市场机制逐渐应用。同时，伴随经济社会发展，生态环境保护问题日益得到重视，节能与提高能效、优化能源结构、保护生态环境开始成为能源、节能战略与政策制定的重要考虑。

21 世纪以来，中国面临能源消费高速增长、资源环境约束不断加剧的紧张状况，在这种背景下，2006 年，中国首次把"资源节约"和"环境保护"作为基本国策纳入国民经济和社会发展规划，把"节能优先"作为能源战略首要原则，提出加快建设资源节约型和环境友好型社会，并制定了具体的约束性节能减排目标任务，通过实施严格的目标责任制度，确保各项目标、政策逐级分解落实到地方政府、重点用能企业等。

2012 年，党的十八大提出推进生态文明建设，从人类文明发展高度，对中国空间布局、产业结构、生产方式、生活方式提出更高的任务要求。能源与节能发展的目标，一方面，是继续应对传统的环境问题、资源危机、气候变化、能源安全等挑战；另一方面，是在新的形势下，发挥引导和倒逼作用，促进中国发展方式实现根本性转变。从这个意义看，推动能源生产和消费革命，不仅是能源生产利用方式的重大变革，更是中国发展理念、发展方式、消费文化的根本性革命。

## 三、全球历史上典型的能源革命及特征

### （一）能源变革和能源革命的概念

根据《现代汉语词典》的解释，所谓"变革"，是指：改变事物的本质（多就社会制度而言）。所谓"革命"，是指：①被压迫阶级用暴力夺取政权，摧毁旧的腐朽的社会制度，建立新的进步的社会制度；②具有革命意识的；③根本改革。狭义来看，"革命"的内涵较"变革"更为广泛和深入，但从广义来看，"革命"和"变革"含义接近，都是指事物发生本质的、根本性变化。从历史范畴看，"革

命"和"变革"在不同国家、不同发展阶段、不同领域各有所指、重点不同，但也经常通用。例如，在中国，改革开放就被视为新时期的一场深刻革命。

体现在能源领域，"能源变革"和"能源革命"的含义接近，都泛指能源生产和利用方式、结构、技术等发生重大、根本性变化，并对人类文明形态产生重大影响，包括人类认识、开发、利用、适应和改造自然的理念、方式、行为等发生重大进步。从中国具体情况看，"能源变革"和"能源革命"理念提出的时间接近、背景相似，2011 年，中国在"十二五"规划纲要中首次突出推动能源生产和利用方式变革，2012 年，党的十八大进一步提出推动能源生产和消费革命。因此，在本专题中，不对"能源变革"和"能源革命"概念进一步区分。

### （二）历史上典型的能源革命及特征

人类利用能源的历史，也是人类认识和征服自然的历史。伴随人类社会发展进步，能源开发利用的规模、结构、内容、方式、水平等也不断演变。大致来看，人类历史上典型的能源革命包括：

一是人工火代替自然火。大约 40 万年前，人类社会进入以薪柴为主要能源的时代，这是人类第一次能源革命。火的利用，改善了原始人类的耕作方式、饮食模式和生活方式，标志着人类利用自然来改善生产和生活的第一次伟大实践。

二是煤炭代替薪柴。18 世纪中期，以蒸汽机的发明为主要标志，通过大规模利用煤炭，机械动力开始取代人力和畜力，这是能源发展的第二次重大革命，也开创了人类第一次工业革命，人类社会从手工业时代进入机械化大生产时代。

三是电的发明和使用。19 世纪末期，以电灯、发电机、电动机的发明为主要标志，能源发展的第三次重大革命开始，人类社会进入电气化时代。电力的广泛应用，极大地推动了科学、技术领域的快速发展，也开创了人类第二次工业革命。

四是石油和天然气大规模利用。20 世纪初，以内燃机的发明为主要标志，人类开始大规模利用石油，开创了能源发展的第四次重大革命。20 世纪 50 年代开始，天然气也得到迅速发展。直到目前，石油和天然气仍然是现代社会重要的基础能源和化工原材料，在全球能源供应中占一半以上。

五是核能大规模利用。20 世纪中期，以核裂变和核聚变的发现为主要标志，能源发展的第五次重大革命开始，人类社会开始进入原子能时代。核能具有取之不尽、用之不竭的巨大潜力，也被视为从根本解决能源危机、环境危机的重要途径。

六是现代可再生能源的大规模利用。20 世纪末期以来，在应对环境危机、气候变化背景下，人类开始大规模利用水能、风能、太阳能、生物质、地热能、海

洋能等绿色、低碳可再生能源，标志着能源发展的第六次重大革命，这也被部分
学者认为是开创第三次工业革命的重要内容。

　　需要说明的是，上述历次能源革命并没有严格、清晰的界定，不同能源品种
之间并不是绝对的替代与被替代的关系，而是相对规模和结构的变化（图 1）。直
到目前，包括薪柴、煤炭、石油、天然气、核电、可再生能源等，都是全球能源
供应的重要来源。此外，虽然不同国家受发展水平、资源禀赋等因素影响，能源
供应构成、利用效率水平等存在明显差异，但针对不同行业和具体领域，各种能
源品种仍有用武之地，多元的能源结构是现代能源体系的重要特征。

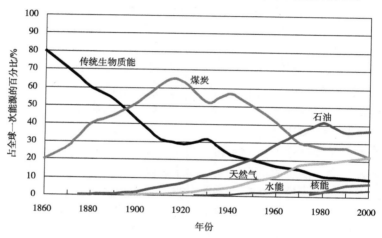

图 1　过去 100 多年世界能源结构变化

## 四、建设生态文明实现能源变革和革命的内涵途径

　　作为全球最大的发展中国家，中国在世界上第一个明确提出把生态文明建设
作为国家战略，是一场不亚于改革开放的新的伟大革命，在人类发展历史上具有
重要开创意义。与发达国家相比，中国人口众多、人均资源相对不足、能源资源
禀赋较差、生态环境比较脆弱，经济社会发展水平普遍较低，为实现"三步走"
战略目标、美丽中国和中华民族永续发展目标，中国能源发展面临前所未有的压
力与挑战。

　　在全面建设生态文明背景下，要从根本上实现能源革命，必须从能源发展
理念、生产方式、消费模式、体制机制等方面实现根本性变革，开创出一条适
合中国国情的高效、绿色、低碳能源发展道路。与以往依靠技术突破实现能源
革命不同，新的能源革命整体还处在技术发展和市场孕育过程中，可能包含在
能源勘探开发、加工转换、终端利用等多个领域和环节，并且与现代 IT 技术、

新材料、储能技术等技术创新密切相关。考虑到中国国情和发展阶段，推动能源革命将是一个漫长、渐进的过程，涉及工业化、城镇化发展的各个方面，需要在明确长远目标方向的基础上，结合不同阶段任务重点，综合发挥市场机制和政府引导的作用，引导全社会生产方式和消费模式加快转变，以不断量变推动质变的方式，实现能源发展高效、绿色、低碳的革命目标。具体而言有以下几个方面。

## （一）推动能源生产革命

中国能源生产革命的核心是加快优化能源结构，改变以煤为主的能源供应结构，不断降低煤炭消费总量和煤炭占一次能源消费的比重，构筑以高效、清洁、低碳、多元为特征的现代能源供应体系。

长远来看，应尽快明确中长期发展战略和目标，顺应世界能源革命的发展潮流，逐步减少对煤炭的依赖，到2050年将煤炭占一次能源的比例降低到世界平均水平，逐步摆脱对传统化石能源的依赖，缓解能源过度消费带来的生态环境问题。在新能源和可再生能源技术发展方面，应不断加强投入，促进技术创新和商业模式创新，推动新能源和可再生能源成为能源供应新的支柱。积极担负能源大国责任，不断融入世界能源市场，充分利用国内国际两种资源，促进能源技术创新全球化，建立有利于保障全球能源安全的供应体系。

近中期方面，将治理 $PM_{10}$、$PM_{2.5}$ 为特征污染物的区域性大气环境作为抓手，严格限制煤炭消费的增长，城市密集地区应尽快实现煤炭消费负增长。在现有的煤炭供应水平基础上，应加强煤炭的集中和综合、高效利用，从而提高利用效率，便于实行清洁化处理，应逐步控制和减少小煤炉等低效利用方式，严格控制煤制气的发展规模。加快天然气价格改革，改革现有的天然气市场管理机制，扩大其供应渠道，推进天然气的快速发展。

## （二）推动能源消费革命

中国能源消费革命的核心是大幅提升能源利用效率，在控制能源消费总量增长的同时，支撑经济增长效益不断提高。推动能源消费革命，一方面，要加快转变经济增长方式，降低经济增长对高能耗、高排放行业的依赖，实现经济增长由主要依靠数量投入向更多依靠技术进步、自主创新、效益增长等方向转变；另一方面，要大幅提升建筑、交通等领域能源利用效率，引导消费方式向节约、适度方向转变。

作为世界第一能源消费大国，推动中国能源消费革命是一个长期的过程，需要尽早做好道路选择和顶层设计。应按照到2050年中国全面实现现代化的要求，综合设计与之适应的工业化、城乡布局、建筑、交通发展体系，构筑与生态文明建设要求相一致的能源消费体系，建设高效、绿色、低碳、循环的社会体系。对与能源环境相关的重大项目、技术和工艺路线，充分考虑国际标准和未来的发展趋势，实施严格的节能环保、战略环评准入管理，从源头上确保中国能源效率尽快达到世界先进水平。

推动能源生产和消费革命，需要加快完善符合生态文明建设要求的长效体制机制。要以总量目标为手段，坚持"以科学的供给满足合理的消费"发展战略，对各个行为主体进行约束，实现政府、企业和社会共同参与，通过生态文明建设推动全社会实现能源生产和消费的革命。

首先，应控制能源消费总量，特别是严格控制煤炭的消费总量，力争到2020年达到煤炭消费峰值并开始逐步下降，在中国可能获得的能源供应"天花板"下，以较小的能源弹性系数来支撑经济发展，合理配置工业、建筑和交通等部门的能源需求，构筑以"绿色、低碳、循环"为理念的能源消费体系。其次，应科学合理地控制城镇建设规模和建筑面积，将建筑总面积控制在 600 亿平方米以内，将人均面积控制在日本、韩国等亚洲发达国家的水平（40~45 米²/人），避免人均面积达到美国水平带来的高能源环境代价和高额维护成本，严格限制大拆大建，控制建设速度和水平，当城镇建设基本完成后实现建材业和建筑工业"软着陆"。最后，应适度控制机动车的增长速度，逐步转变小汽车使用者对出行方式选择的传统观念，抑制私人小汽车出行的过度膨胀，提高公共交通的出行分担率，实现交通运输资源的有效配置。

## 五、实现中国能源生产和消费革命的政策建议

生态文明建设是一项长期、艰巨、复杂的历史任务，需要在中国经济社会发展进程中不断探索和创新。在建设生态文明背景下，推动中国能源生产和消费革命，并没有现成的发达国家经验或目标可以照搬，需要在打造中国经济升级版的过程中，积极发挥后发优势和不断创新，探索中国特色新型工业化、城市化发展道路，创新中国能源发展新道路。整体而言：

要把推动能源生产和消费革命作为生态文明建设的重要杠杆及抓手，促进中国发展方式、增长质量、生态环境水平实现根本性改善。能源总量方面，要合理控制能源消费总量，推动能源消费增速放缓、达到峰值并趋于稳定、逐步实现下降，最终确保能源消费与经济增长的明显脱钩；能源结构方面，要推动煤炭消费比重大幅下降，稳定增加非化石能源消费比重，逐步实现能源供应的绿色化、低碳化；能源效率方面，要大幅提升能源利用效率水平，尽快达到世界先进水平，以明显较低的人均能耗、人均温室气体排放，实现"三步走"现代化发展目标。

为实现上述能源生产和消费革命总体目标，要从发展理念、模式、内容等方面，全面反思和变革现有高碳发展道路，改变依靠能源环境要素投入和规模扩张的粗放型发展方式，具体而言有以下几个方面。

## （一）明确能源生产和消费革命战略目标

要从全局高度，把推动能源生产和消费革命作为生态文明建设重要内容，融入国民经济和社会发展、城镇化、工业化的各项具体任务，贯穿能源生产、流通、消费、处置等全过程。要制定分阶段、分领域的能源生产和消费革命发展目标、实施步骤，把推动能源生产利用根本转型与全球化、信息化、自主创新等结合起来，发挥后发优势，促进中国综合国力和竞争力显著提升。

## （二）大幅提升能源利用效率

坚持把节约优先作为经济社会发展重要约束和前提，作为能源生产和消费革命的首要任务，推动中国能源利用效率水平尽快达到发达国家水平。强化工业、建筑、交通、公共机构等重点领域节能工作，加快淘汰落后生产能力、设备和产品，大幅提高标准要求，从源头上避免高碳锁定效应。要把绿色、低碳的建筑、交通体系作为政府基本公共服务重要内容，促进政府部门发挥节能模范带头作用。

## （三）显著优化能源结构

把加快发展低碳能源、明显降低煤炭消费比重作为能源结构优化重要目标，通过完善公平、有序市场竞争体系和政策环境，促进核能、水能、可再生能源等开发利用技术不断进步，推动绿色低碳能源尽快成为重要支柱能源。鼓励发达地区和城市率先推动化石能源减量、清洁化利用，推动新增能源需求主要依靠可再生能源。结合不同地区资源禀赋，积极探索因地制宜利用可再生能源多种途径。

## （四）探索控制能源消费总量有效方式

把合理控制能源消费总量作为长期目标，探索有效发挥市场决定性作用与政府引导作用的具体方式。针对当前城市环境整治、雾霾治理等，把削减煤炭消费总量与改善生态环境质量有效结合起来，发挥协同作用。建立基于市场的总量控制长效机制，探索合理控制能源生产能力的有效途径，发挥价格信号、财税手段、标准体系等在引导用能单位和个人行为转变中的作用。

## （五）加快能源生产和利用技术变革

加快发展化石能源清洁开发利用技术，大力推动新能源开发利用技术进步，尽快达到世界先进水平并发挥示范引领作用。积极推广节能汽车、低碳建筑、高效家电等先进成熟技术、产品，增强自主创新能力水平。加快发展智能电网、电动汽车、储能技术等，提供系统性、综合性能源技术解决方案，推动下一代变革性能源开发利用技术尽快突破。

## （六）创新能源管理体制和机制

健全政绩考核制度，把推动能源生产和消费革命纳入经济社会发展评价体系，促进发展理念根本转变。改革能源管理方式，发挥法规标准、价格信号的导向作用，推动环境监管和治理纳入法制化轨道。坚持市场化改革方向，加快能源、土地、水、矿产资源的价格形成机制改革，完善税费制度，推动环境成本外部化，发展碳排放权、排污权、水权交易、合同能源管理等机制创新。

## （七）引导合理能源消费模式文化

把中国传统的天人合一、勤俭节约智慧美德与现代社会绿色、低碳发展要求结合起来，引导节约、适度消费理念文化。通过完善法治建设、减少市场扭曲、出台经济激励、加强宣传教育、发挥政府带头作用等，坚决摒弃贪大求洋、奢侈浪费的消费理念，积极引导全社会形成绿色、低碳的消费理念和文化。鼓励绿色消费，倡导绿色出行，推进生活垃圾分类，形成绿色、低碳的生活方式和消费模式。

# 专题六　中国能源发展治理方式变革的战略思考

## 摘　要

　　能源是国计民生的基础，是现代化的基本保障。能源生产和消费日益成为制约经济社会发展及改革的重点与难点。党的十八大报告将能源发展问题定位为推动能源生产和消费革命，而中共十八届三中全会将中国进一步深化改革的目标明确为完善国家的治理体系和提升治理能力。推动能源发展方式变革，完善能源治理模式，既是中国能源革命的关键，也是完善国家治理体系的重要内容。为此，2014 年 11 月国务院专门发布了《能源发展战略行动计划（2014—2020 年）》。

　　治理（governance）是指解决社会性问题而协调参与者行为的一系列方式和手段[1]。经济学家一般认为私人物品的提供由市场来解决，而其他的社会性问题都由政府来解决[2]。在不同社会性问题的解决过程中，市场、科层（政府和企业均包括在内）、社区三种机制都可以发挥主导作用，依靠政府解决问题只是科层机制发挥作用的一个典型例子。三种基本治理机制的作用原理是不同的，市场机制的作用依赖参与者之间的自由贸易，科层机制的作用依赖权威机构的行政命令，社区机制的作用依赖社区内的习俗规范[3]。国家治理不同于政府管理，成为学术界研究如何解决社会性问题的主流范式，也日益成为国际组织和政府讨论社会问题的热门视角[4]。在现代社会中，许多复杂问题的解决往往需要两种乃至三种治理机制的共同作用[5]，无论是私人物品的生产，还是公共物品的提供，混合模式逐渐成为主流，而提升治理能力的核心在于恰当地选择和搭配治理机制[6,7]。能源利用是对国家和社会具有巨大影响的核心问题，能源发展方式的不同，本质上是市场、科层、社区三种机制对能源供给和需求的影响力不同。

## 一、能源的供需特征与治理模式

### （一）能源供给的分类

长期以来，在国民经济高速发展过程中，中国的能源供给具有明显的粗放特征。中国工程院将能源供给区分为科学型供给和粗放型供给两种类型[2]。所谓科学型供给，其主要特征是将本国资源开采的规模限制在自然和社会可以承受的范围内，逐步在生产过程中实现资源节约、环境保护、劳工安全，通过适量进口能源、改进生产技术来保证供应。美国的能源供给符合科学型供给特征，其煤炭、石油、天然气储量都很丰富，国内开采量与能源进口基本以市场调节而保持大体均衡。粗放型供给的生产效率和资源利用率较低，生产过程带来的资源浪费、环境污染、劳工伤亡等外部性问题严重。

### （二）能源需求的分类

对于发达国家而言，存在两种不同的能源需求模式，第一类以美国、加拿大为代表，2011 年人均能源消耗超过 10 吨标准煤，可称之为美加模式，即"奢侈型"。第二类以日本、英国、法国、德国为代表，这些国家的人均能源消耗约为 5 吨标准煤，只有美国、加拿大的一半，可称之为日欧模式，即"全面满足型"。从人均用电情况来看，美加模式的国家人均每年用度约为 1.4 万千瓦时，人均年能耗超过 10 吨标准煤，而日欧模式的国家人均每年用度约为 0.7 万千瓦时，人均年能耗约为 5 吨标准煤（表 1）。究其原因，美加模式国家的居民生活方式明显奢侈（表 2）。2010 年，美国人均每年行驶 2.8 万千米，而日本人均每年行驶 0.6 万千米，美国人均建筑面积为 95 平方米，日本人均建筑面积为 52 平方米[8]。

**表 1　主要发达国家 2010 年的能源使用状况**

| 国家 | 人均年能源消耗量/吨标准煤 | 人均年用电量/千瓦时 |
| --- | --- | --- |
| 美国 | 10.5 | 13 395 |
| 加拿大 | 13.2 | 16 154 |
| 日本 | 5.7 | 8 378 |
| 英国 | 4.9 | 5 745 |
| 法国 | 5.6 | 7 735 |
| 德国 | 5.6 | 7 162 |

### 表2　2010年美国与日本建筑和交通领域比较

| 指标 | 单位 | 美国 | 日本 |
|------|------|------|------|
| 人均乘用车年行驶里程 | 万千米 | 2.8 | 0.6 |
| 选择乘用车出行的比重 | % | 85.7 | 56.7 |
| 选择公共交通出行的比重 | % | 3.7 | 37.6 |
| 乘用车平均燃油经济性 | 千米/升 | 8 | 12 |
| 人均拥有建筑面积 | 平方米 | 95 | 52 |
| 人均建筑能源消耗 | 千克标准煤/年 | 4.6 | 2.0 |

在发达国家的能源需求中消费活动占了较大比重，而对于发展中国家来说，消费、投资和出口作为拉动经济的三种驱动力，都会产生巨大的能源需求，投资和出口在某些阶段产生的能源需求可能比消费更大。发展中国家的能源需求中一部分为满足合理需求，还有很大一部分属于过快增长的需求。合理增长型需求主要是本国居民合理消费产生的能源需求。过快增长型需求不仅由本国居民合理消费产生，还包括居民奢侈性消费、盲目投资和生产高能耗出口产品的能源需求。

## （三）治理模式

治理模式，连接着能源供给和能源需求。能源治理模式的不同，本质上是市场、科层、社区三种机制对能源供给和需求的影响力不同。改革开放之前，中国的能源供给和需求受政府计划控制，是一种科层主导的治理模式。在市场经济体中，市场是配置能源资源的主导。在日本，政府在限制能源需求增长方面发挥了重要作用，如征收"石油煤炭税"、对进行节能改造的工厂和建筑进行补贴推行"节能最优产品计划"、鼓励企业不断提高产品能效[9]。社区机制对能源需求也发挥了不可或缺的作用，如81个名叫"节能共和国"的民间组织在努力提高中小学生、家庭主妇的节能意识和技术。消费者的行为不仅受到价格的影响，也受到这些节能文化的影响[10]，科层机制、市场机制和社区机制都发挥着重要的作用（表3）。正是由于三种机制的共同作用，日本的人均能源消耗大大低于美国。

### 表3　不同国家的能源治理模式

| 国家 | 能源供给 | 能源需求 | 治理模式 |
|------|---------|---------|---------|
| 中国（计划经济时期） | 政府的行政命令控制 | 政府的行政命令控制 | 科层主导，市场和社区作用甚微 |
| 美国 | 企业根据价格来决定生产和销售量 | 消费者根据价格来决定购买量 | 市场主导，科层和社区作用较小 |
| 日本 | 企业根据价格来决定生产和销售量 | 政府通过税费和补贴来控制需求，消费者根据价格、文化来决定购买量 | 市场、科层、社区共同作用 |

## 二、新时期的中国能源治理模式

### （一）能源供给

在改革开放以来，中国的能源需求和供给规模不断扩大。1980 年中国一次能源消耗总量只有 5.9 亿吨标准煤，2000 年翻了一番，达到 13.9 亿吨标准煤，2010 年，达到 32.5 亿吨标准煤。为了保证能源供应，国内煤炭生产量不断扩大，占供给总量的 70%左右。1980 年煤炭产量约为 6.2 亿吨，1995 年达到 13.6 亿吨，2010 年已经达到 32.4 亿吨（图 1）。中国能源供给量的扩大，主要依靠扩大资源开采规模，生产效率没有显著提高，生产过程中出现了严重的资源浪费、环境污染和劳工伤亡，是一种典型的粗放型供应。

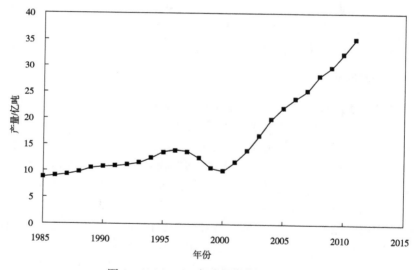

图 1　　1985~2011 年中国的煤炭生产量

中国煤炭的科学生产量如何确定？从资源量来看，中国煤炭资源仅次于美国和俄罗斯，居世界第三位。从 2005 年调查的结果来看，中国已探明的煤炭资源保有量为 10 430 亿吨，其中剩余可采储量为 1 126 亿吨，潜在资源量 1.6 万亿吨，如果仅从资源数量上考虑，煤炭年生产量还可以继续增加。但是，其他多个因素决定了煤炭的年生产量非但不应增加，而且应该减少。第一，安全生产因素。中国煤炭资源地质条件复杂，露天矿只占 4%左右，其余都是井工开采，许多矿井是深层作业。在中国现有的生产矿井中，1/3 的矿井符合安全生产条件，1/3 的矿井经过改造有可能符合安全生产条件，剩下 1/3 的矿井无法改造成符合安全生产条件的矿井。第二，生态环境因素。煤炭开采对生态环境，特别是水资源影响巨大，这使得生态环境成为决定煤炭供应量的重要因素。山西、陕西、内蒙古、宁夏和新疆是煤炭主产地，同时也是水资源极为短缺、自然生态极为脆弱的地区，这些地区的煤炭开采必须将生态环境视为决定性因素。第三，机械化作业因素。煤炭生产的大型化和机械化，是实现安全生产的保障，是矿工安全和健康的条件，也是煤矿实现经济高效的保障。第四，交通运输因素。部分地区的煤炭生产能力受到地域分布和运输条件的制约。例如，新疆地区的煤炭资源丰富，但很可能由于离东部能源消费中心距离过远而难以利用。而晋陕蒙宁地区生产能力过于集中，外运条件的不足也可能会限制供应量。这些因素共同决定了中国煤炭的科学产量是 30 亿吨，最好是 25 亿吨[11]。

实际上，中国煤炭生产量在 2011 年就已经达到 35 亿吨，生产过程中出现了严重的资源浪费、环境污染和劳工伤亡。中国大部分矿井是深层作业，平均采深已经达到 600 米，部分煤矿已经超过 1 000 米。煤炭开发导致地下水系结构破坏、地表塌陷、水土流失、植被破坏、矸石堆积等问题，严重破坏水资源、土地资源和生态环境。在中国，开采 1 亿吨煤炭的代价是破坏 7 亿吨水资源，造成水土流失面积约 245 平方千米，产生 1 300 万吨煤矸石。中国采煤破坏土地复垦率仅为 12%，远低于发达国家 65% 的平均水平，全国采煤塌陷土地面积已经达到 80 万公顷，而且仍以约每年 4 万公顷的速度增加，西北部 70% 的国有大型矿区均是地面塌陷严重区。煤矿开采中释放的矿井瓦斯中 80% 被直接排放到大气中。2005 年全国煤矿的瓦斯排放量达 153.3 亿立方米，折合 1 350 万吨甲烷，温室效应约等于 3 亿吨 $CO_2$。由于安全设施不健全，中国煤炭生产造成大量劳工伤亡，百万吨事故死亡率曾经达到 10 人，每年事故死亡人数达到一万人以上。经过多年的努力，中国的百万吨事故死亡率下降到 1 人左右，但每年煤矿事故死亡人数仍然在 3 000 人左右，一次性死亡十人乃至上百人的煤矿事故仍屡有发生。而发达国家百万吨产量平均事故死亡率只有 0.02~0.03 人，中国与发达国家的安全生产水平仍然相差甚远。

## （二）能源需求

改革开放时期，生产的发展和居民生活水平的提高，带来了巨大的能源需求。高耗能产业发展、重复建设、奢侈性消费和出口高能耗产品，则导致中国能源需求急速增长。中国的能源需求，已经不再处于合理增长的阶段，而进入了过快增长的阶段。

中国老百姓基本生活不断改善，消费的增加带来了能源需求的增长。中国居民的消费结构也逐渐升级，特别是城镇居民的生活已经从生活必需品为主的"衣食时代"，进入以私人小汽车和住宅消费为主的"住行时代"。中国城镇居民家庭恩格尔系数已经从 1990 年的 54.2% 下降到 2010 年的 35.7%，城镇居民的"食品类"和"衣着类"支出占比从 2004 年的 41.1% 下降到 2009 年的 37.9%。进入 21

世纪以来,中国城镇住宅面积增速明显变快,2000~2009 年的年均增长率为 12.5%,
"十一五"期间城镇新增住宅面积达 36 亿平方米,超过了 2009 年德国全国住宅
面积之和。截至 2010 年,中国城镇住宅建筑面积达 144 亿平方米,人均住房面积
达 21.6 平方米,与 2005 年相比增长超过 10%(图 2)。自改革开放以来,中国私
人小汽车的保有量呈现指数增长。2010 年年末私人小汽车保有量已经接近 5 000
万辆,每 1 000 人保有量达 37 辆(图 3),该年度新增私人小汽车就达到了 1 181
万辆,私人小汽车的平均出行比例也达到 10%[12]。

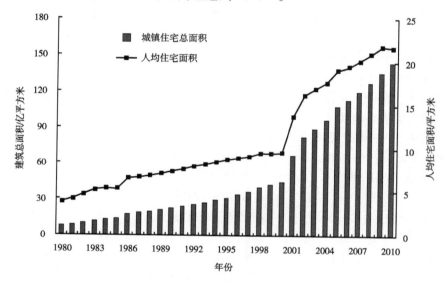

图 2　1980~2000 年中国城镇住宅总面积和人均面积

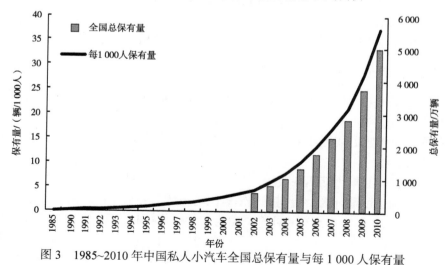

图 3　1985~2010 年中国私人小汽车全国总保有量与每 1 000 人保有量

　　受西方消费文化的影响，中国居民向往并逐步开始了奢侈性消费，这导致能源需求大大增加。许多中国人希望和美国人一样拥有大面积的住房、大排量的汽车。中国的大城市已经车满为患，北京市私人小汽车保有量接近 600 万辆，每 1 000 人超过 200 辆，选择私人汽车出行的比例由 2000 年的 26.5%提高到 2010 年的 38%。由于偏爱大排量汽车，中国 2010 年机动车的百公里油耗反而比 2000 年下降了 15%。年轻人通过运动型多用途汽车（sport utility vehicle，SUV）和越野车来培养一种爱好户外活动的形象，宝马、奔驰等大排量汽车成为身份和地位的象征。智能手机、笔记本电脑等消费品已成为一种符号，年轻人通过拥有和不断更换这类消费品来彰显时尚与个性，从而使这类消费品的使用寿命大大缩短，造成巨大的能源浪费。

　　投资，特别是重复投资，导致了能源需求的急速增长。中国快速的工业化和城镇化，本身就需要大量的能源，而大拆大建的做法又使得这种需求成倍增加。在基础设施建设方面，中国许多城市的建设都模仿西方国家的超级大城市，在追求豪华高大形象方面有过之而无不及，造成建筑工程规模过大，大量消耗高能耗的材料。北京市 2004 年四星级及以上酒店为 89 家，2008 年已经达到 174 家，5 年时间就翻了近一倍。另外，城镇化中的重复建设十分严重，如从城镇建筑面积来看，"十一五"期间累计增长约 58 亿平方米，同期竣工城镇建筑面积达 88 亿平方米，这说明 30 亿平方米的建筑被拆除，约占竣工面积的 34%。中国现有的建筑平均寿命只有 30 年，而正常的建筑使用寿命应该是至少 50 年。

　　出口也导致能源需求大量增加。中国经济是一种出口导向型经济，生产的大部分产品销往国外，这些出口商品中包括了太阳能电池板、钾盐、铝材等高能耗产品，为了生产这些出口产品，中国需要大量的能源。如果考虑国际贸易中的能源流动，中国在 20 世纪 90 年代便是巨大的能源净出口国，每年能源净出口量在 1 亿~5 亿吨标准煤，其中 1997~2002 年中国能源净出口量占当年能源消费总量的 10%左右，之后该比例迅速增长，2006 年更高达 18.8%[13]。2010 年通过国际贸易的形式净出口的能源达到 11.6 亿吨标准煤，占社会能源消费总量的 33%。

## （三）治理模式

　　粗放型供给和不断增长的需求与中国在改革开放期间逐步建立的能源治理模式紧密相关，这种治理模式的特点就是市场机制主导，市场有效地连接了供给和需求，而科层和社区机制的作用较小。

　　市场机制在改革开放期间逐步成为协调能源供给和需求的主导机制。在煤炭方面，2006 年后政府几乎完全取消了对煤炭价格干预，煤炭价格完全由市场供求状况决定。市场机制实际上隐含了认识上的两个基本假设：一是所有的需求都是合理的，有需求就应当有供给；二是国内生产是解决供给问题的最佳途径。在当前的国内国际形势下，这两个假设均应重新审视。首先，用供给满足需求的确是市场运行中不证自明的公理。然而，在资源紧张、环境空间约束下，并非所有的需求都绝对合理。大量高耗能产业不仅造成能源供需紧张而且产生大量过剩产品和产能；许多工业生产过程中过高的能源消耗需要用相应较高的能源价格来调节，生活中过分的能源消耗也需要予以相应的限制。这种调节和限制无法由市场来实现，而需要用政府规制和社会约束予以平衡。其次，国内生产的确是保障中国能源供给的重要手段，但必须辅以更加灵活多样的解决方案。境外能源生产、能源进口、高耗能产品外包等都是解决供给的方式，这也需要政府的推动和引导。市场机制在中国能源领域发挥主导作用的结果，就是不断用扩大生产的方式来满足过快增长的能源需求。

由于市场机制的特征，解决资源破坏、环境污染、气候变化和劳工安全等外部性问题应配合政府调控及社会监督。不应当出现当需求大于供给时，就放任市场机制发挥作用，鼓励采矿企业扩大生产来满足能源需求。进入 21 世纪后，中国的能源需求量一年要增加 2 亿吨左右的标准煤，为了尽快增加能源供给，不得不依赖可以迅速提高产能的煤炭。而其他形式的能源，由于需要较长的筹备和建设周期，难以应对这种超常规增长，因而被忽视。例如，大型水电站需要近十年的水文调查、选址、设计和工程建设周期；核电站需要 4~5 年的建设工期，加上各种审批程序，一般也需要 5~6 年；天然气则需要整个上游生产、运输，以及下游应用设施的系统建设，除了资源发现过程的不确定性外，一般也需要数年的建设。煤炭在中国能源供给中的比例长期居高不下。

## 三、中国能源治理模式的完善

### （一）中国能源革命的核心在于治理模式的完善

技术手段无法解决日益突出的能源供需矛盾。在过去的几十年里，西方国家一直致力于用技术手段满足日益增长的能源需求，资源的利用率已经得到成倍的增加，结果却并未实现社会能源需求的降低，各国终端能耗一直在持续增加。以美国为例，该国单位产品能耗持续下降，而一次能源消费总量却持续上升。1990~2005 年，美国家用电器的能源利用效率不断提高，如电冰箱的电能使用效率提升了 10%，空调效率的提升甚至达到了 17%。然而，由于冰箱和空调的体积以更快的速度增大，结果是全社会冰箱的总用电量增加了 22%，空调更是增加了 35%[14]。

为了解决中国的能源供需问题，中央政府采取一系列富有成效的措施。近期又出台了《能源发展战略行动计划（2014—2020 年）》，为"十三五"规划奠定了基础。

"十一五"期间，国务院针对经济发展中资源环境代价过大的问题，把节能减排作为落实科学发展观、转变发展方式的重要抓手，确定了在"十一五"期间单位 GDP 能源消耗下降 20%左右的目标，这成为中国经济社会发展的约束性指标。国务院采取了目标分解和责任追究等一系列重要措施，有力推动了节能降耗，使能源消耗加速上升的趋势得到了扭转。然而，中国能源消费总量持续增长、利用效率低的局面并没有彻底改变。2012 年，中国 GDP 只占世界的 11.5%，却消耗了世界能源消费总量的 21.9%[15]。

解决中国能源问题的出路在于完善治理模式，关键在形成统一开放、竞争有序的现代能源市场体系。除了发挥市场机制的作用之外，也必须加强政府监管和社会监督的作用，通过三种机制的搭配使用，实现供给的科学化、需求的合理化，真正实现"以科学的供给满足合理的消费"的中国能源的战略目标。具体来说，就是将控制能源需求总量列为国家战略和政府工作目标，倡导节约性文化，压制奢侈性消费、重复投资和高能耗产品出口带来的能源需求，在此基础上，明确限制煤炭生产的总量，大力调整能源供给的结构。

## （二）将控制能源需求总量列为国家战略和政府工作目标

控制能源需求，这应该列为中国能源战略之首。中国是人口大国，人均资源小国，必须严格控制人均能源消耗的水平，使之显著低于发达国家的水平。在"十一五"期间，单位 GDP 能源消耗量下降 20%成为政府的约束性指标，这对中国的能源发展起到重要作用，但作为相对性的指标，这还不足以抑制单纯追求 GDP，依靠外延扩张的投资冲动，以及相应的能源消费过快增长。中国应该进一步将能源消费总量由政府指导性目标转变为约束性指标。通过能源消费总量的控制，可以更有效地推动中国发展方式的转变。山东、江苏、浙江、上海等部分节能降耗工作做得较好的地方，已经在一些市级区域开始实施能源消费总量控制，通过认真测算将能源消费总量目标分解至所属县区及重点耗能行业，有效地加快了产业结构调整的步伐。这些地区的实践可以为全国实施能源消费总量控制提供较好的经验。

倡导节约型文化。在古代社会，中国人的消费观念是崇尚节俭，反对奢侈浪费。小到一粒米、大到一间房，基本上实现了物尽其用。改革开放后，中国人逐渐接受了西方的"消费文化"，"喜新厌旧"成为很多人的消费模式。培养节约型文化，需要政府的倡导和示范，需要民间组织的推动。发挥社区机制的作用，让公众养成节约能源的生活习惯，如搭乘大众运输工具、吃本地生产的有机食品、穿棉麻天然织物、延长耐用品的使用年限，这些才是降低能源需求的长久之计。

压制奢侈性消费、重复投资和高能耗产品出口。为了实现对能源需求总量的控制，必须对居民的建筑、交通等领域的生活用能进行控制。以交通领域为例，中国已经成为世界汽车销售的第一大国，汽车保有量的快速提升导致中国对石油的需求急增。中国石油进口依存度在 2013 年已经超过 58%。中国必须对交通体系进行规划和调整，对居民的交通需求进行引导和控制。第一，应进一步完善交通体系，优先发展轨道交通和公共交通，优化城市布局，降低居民选择私家车出行的比例。第二，控制汽车的拥有量。中国人口众多，绝不能将汽车拥有量提高到发达国家每 1 000 人拥有汽车 500 辆的水平，只能达到平均每个家庭拥有一辆汽车，每 1 000 人拥有汽车 300 辆的水平。第三，大力鼓励高效低耗汽车的发展，限制高油耗汽车的发展。在国际上快速发展的油电混合动力车、高效柴油发动机等汽车技术目前在中国市场的份额仍旧较小。中国应当制定更为激进的燃油经济性标准，最大限度地推动汽车技术的进步，并提高对高排量汽车的征税标准。当前中国出口的大多是劳动密集型、高能耗、高污染的产品，依靠这种低附加值的产业，已经不可能支撑中国的经济增长，反而导致国内能源供应紧张、环境污染严重。中国的出口加工业应该尽快转向生产能耗低、环境污染少的高附加值产品。

### （三）明确限制煤炭生产总量，大力调整能源供给结构

在确定能源需求总量的基础上，中国政府应限制能源供给总量，特别要限制国内煤炭生产量。在今后的二三十年中，煤炭仍将是中国最主要的能源，但中国必须改变粗放型的煤炭生产方式，实现生产过程的安全和环保。煤炭在中国能源供应中的比例应该逐步下降，当前应尽量降低煤炭产量的增长速度，尽快实现零增长，之后再逐步减产，2050 年时最好能压缩至 35%。

在限制能源供给总量的基础上，中国应进行能源结构调整。石油应在二三十年后成为中国能源供应的主力，当前石油供应量应该逐步增长，由于中国石油储量较少，许多油田都已进入开发中后期，中国石油供给只能寄希望于勘探和进口。天然气在中国的储量较为丰富，生产和使用过程的环境污染较小，应该大力发展，逐步提高它在中国能源供给中的比例。在核能方面，中国应加大对核能的利用，特别应推动快堆技术的发展和应用。在水能方面，中国资源丰富，技术成熟，应积极有序地开发。在太阳能和风能方面，中国资源也很丰富，应尽快提高它们在能源供应中的比例。总的来说，煤炭的开发量应尽快大力压缩，石油和天然气的供应量应逐步增加，核能和可再生能源的供应量及比例都应大幅提升，使之成为主导能源之一[16]。

# 参 考 文 献

[1] 邬亮. 自然资源开发与保护中补偿的治理机制研究[D]. 清华大学博士学位论文，2012.

[2] Samuelson P A. The pure theory of public expenditure[J]. Review of Economics and Statistics，1954，36（4）：387-89.

[3] 奥斯特罗姆 E. 公共事务的治理之道[M]. 余逊达，陈旭东译. 上海：上海三联书店，2000.

[4] 陈振明，薛澜. 中国公共管理理论研究的重点领域和主题[J]. 中国社会科学，2007，（3）：140-152.

[5] 邬亮，齐晔. 水利水电工程移民补偿的治理机制研究[J]. 中国人口·资源与环境，2011，（7）：96-100.

[6] 威廉姆森 A E. 治理机制[M]. 陈光金，王志伟译. 北京：中国社会科学出版社，2001.

[7] Lemos M C，Agrawal A. Environmental governance[J]. Annual Review of Environmental Resource，2006，（31）：297-325.

[8] 杜祥琬. 气候变化的深度：应对气候变化与转型发展[J]. 中国人口资源与环境，2013，（9）：1-5.

[9] 王越. 日本能源战略之鉴[J]. 中国石油石化，2009，（11）：42-43.

[10] 布朗 L R. 崩溃边缘的世界：如何拯救我们的生态和经济环境[M]. 林自新，胡晓梅，李康民译. 上海：上海科技教育出版社，2011.

[11] 中国能源中长期发展战略研究项目组. 中国能源中长期（2030、2050）发展战略研究（综合卷）[M]. 北京：科学出版社，2011.

[12] 清华大学气候政策研究中心. 中国低碳发展报告（2011-2012）[M]. 北京：社会科学文献出版社，2011.

[13] 齐晔，李惠民，徐明. 中国进出口贸易中的隐含能估算[J]. 中国人口·资源与环境，2008，（3）：69-75.

[14] 魏伯乐，哈格罗夫斯 C. 五倍级：缩减资源消耗，转型绿色经济[M]. 程一恒译. 上海：格致出版社，2010.

[15] BP. BP statistical review of world energy[EB/OL]. http://www.bp.com/content/dam/bp/pdf/statistical-review/statistical_review_of_world_energy_2013.pdf，2013.

[16] 杜祥琬. 中国能源可持续发展的战略思考[J]. 山西能源与节能，2010，（6）：1-5.